最妙趣横生的
博弈心理学

琦 晨◎著

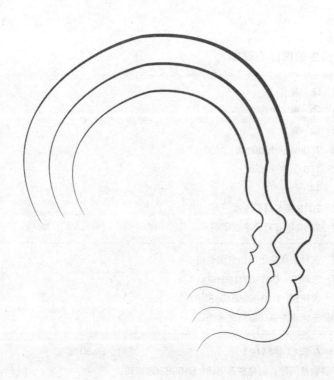

吉林出版集团股份有限公司

图书在版编目（CIP）数据

最妙趣横生的博弈心理学 / 琦晨著 . —长春：吉林出版集团股份有限公司，2018.3

ISBN 978-7-5581-4641-1

Ⅰ . ①最… Ⅱ . ①琦… Ⅲ . ①心理学—通俗读物
Ⅳ . ① B84-49

中国版本图书馆 CIP 数据核字（2018）第 009251 号

最妙趣横生的博弈心理学

著　　者	琦　晨
责任编辑	齐　琳　史俊南
封面设计	颜　森
开　　本	710mm×1000mm　1/16
字　　数	170 千字
印　　张	14
版　　次	2018 年 5 月第 1 版
印　　次	2019 年 6 月第 2 次印刷

出　　版	吉林出版集团股份有限公司
电　　话	总编办：010-63109269
	发行部：010-69584388
印　　刷	三河市东兴印刷有限公司

ISBN 978-7-5581-4641-1　　　　　　　　定价：39.80 元

如出现印装质量问题，调换联系电话：010-82865588

前　言

诺贝尔经济学奖得主奥曼在权威的《帕尔格雷夫大辞典》中，对"博弈论"词条的解释是"互动的决策论"。人际关系的互动、球赛或麻将的出招、股市的投资，等等，都可以用博弈论巧妙地解释。可以说，红尘俗世，莫不博弈。博弈论探讨的就是聪明又自利的"局中人"如何采取行动及如何与对手互动。

博弈与生活的关系如此密切，生活中的各种难题都可以用博弈来解决，如僧多粥少时如何分配才能保证公平，雇人做事怎样才能充分调动受雇人的积极性，甚至分摊房租这样又琐碎又麻烦的小事，都可以用博弈的思维轻而易举地解决。那么，我们该如何运用博弈呢？

第一个要点是随机应变，根据对方的策略即时做出最佳行动选择，这是由博弈的最大特色——互动性决定的。

第二个要点是考虑决策时的环境。

读完本书后，我们就会知道博弈论建立在两个经济学假设前提下：其一，人是自利的，都在追求自身利益的最大化；其二，人是理性的，所有行为都是为了追求利益最大化。

我们都想要成为一个理性人，按部就班实现目标，逐一解决各种难题，做事情一击必中，实现决策的最优化。可是，实际生活中的人并非都是如此理想的理性人，我们无法做到事事完美。因此，学习博弈，懂得决策过程中的心理活动、明白个人和集体在互动中的相互影响、了解冲突中的各种行为模式，就显得愈发重要。

我们来看一个例子。

情况一：今天晚上你打算去听一场音乐会。票价100元。在你临出发前，发现自己丢了100元。你还会去听音乐会吗？

情况二：昨天你花100元买了一张今晚的音乐会票。在你临出发时，发现票遗失了。如果你想听这场音乐会，就要再花100元买票。你还会去听吗？

实验表明，在第一种情况下，大多数人选择要听音乐会。而在第二种情况下，大多数人选择不去听。这明显是心理作用的结果。而实际上如果人们都是理性的，这两个情况的预期效用应该是一样的。

那么是理论错了，还是我们自己错了？

其实，理论和现实都没有错，因为这是一个探索的过程。

任何理论与方法都不是万能的。正如诺贝尔经济学奖得主——莱因哈德·泽尔滕教授所说："博弈论并不是疗法，也不是处方，它不能帮我们在赌博中获胜，不能帮我们通过投机来致富，也不能帮我们在下棋或打牌中赢对手。它不告诉你该付多少钱买东西，这是计算机或者字典的任务。"

要求博弈论能够完全刻画真实的世界，注定是徒劳无功的。然而，当我们退而求其次时，不得不承认博弈是一种很好的分析工具。

我们用这种工具来了解彼此的心理活动，了解合作与竞争的心理分析，了解个人和集体的冲撞与磨合。我们为什么会本能地摇摆和对抗？我们为什么要去寻求彼此的利益平衡点？我们如何做到以弱胜强，或者在不利于自己的情况下翻牌？我们是否需要合作，我们如何维持合作？退步真的只是懦弱的表现，而非一种策略？我们是如何在信息社会中被麻痹和催眠的，等等。在阅读本书后，我们都会一一明了。

目 录
CONTENTS

第三章 "大猪" VS "小猪"
为什么以弱胜强是一种决策

第四章 囚徒困境
为什么在合作有利时保持合作也困难

第五章　协和谬误
为什么我们会受沉没成本的影响

第六章　斗鸡博弈
如何化解进退两难

第七章　枪手博弈
情况不利于自己时如何扭转

第八章　理性乐观派
什么是不确定世界的理性选择

第九章　信息
如何在信息爆炸中独立思考

第十章 洗脑术
要如何选择有逻辑的思想控制

第十一章 低调的胜利者
在群体中如何做决策

第十二章　谈判无处不在
如何通过讨价还价赢得你想要的一切

第十三章　看谁在说谎
如何 5 分钟内识破谎言

序章 什么是博弈

通俗地讲，博弈就是指在人与人的互动过程中的一种选择策略的研究，是人们面对一定的环境条件，依靠所掌握的信息，同时或先后，一次或多次，对各自允许选择的行为或策略进行选择并加以实施，并从中各自取得相应结果或收益的过程。进行此项活动的人的目的是让自己"赢"。而自己在和对手竞赛的时候怎样使自己赢呢？这不但要考虑自己的策略，还要考虑其他人的选择。

互动的决策论

诺贝尔经济学奖得主奥曼在权威的《帕尔格雷夫大辞典》中，对"博弈论"词条的解释十分精辟和凝练。他认为，博弈论描述性的名称应是"互动的决策论"。因为人们之间的决策与行为会形成互为影响的关系，一个主体在决策时必须考虑到对方的反应。

通俗地讲，博弈就是对人与人互动过程中选择策略的研究，是人们面对一定的环境条件，依靠所掌握的信息，同时或先后，一次或多次，对各自允许选择的行为或策略进行选择并加以实施，并从中各自取得相应结果或收益的过程。进行此项活动的人的目的是让自己"赢"。而自己在和对手竞赛的时候怎样使自己赢呢？这不但要考虑自己的策略，还要考虑其他人的选择。

比如，一天晚上，你参加一个派对，屋里有很多人，你玩得很开心。这时候，屋里突然失火，火势很大，无法扑灭。此时，你想逃生，你的面前有两个门，左门和右门，你必须在它们之间选择。但问题是，其他人也要争抢这两个门出逃。如果你选择的门是很多人选择的，那么你将因人多拥挤冲不出去而被烧死；相反，如果你选择的门是较少人选择的，那么你将逃生。这里我们不考虑道德因素，你将如何选择？

你的选择必须考虑其他人的选择，而其他人的选择也会考虑你的选择。你的结果——博弈论称之为支付，不仅取决于你的行动选择——博弈论称之为策略选择——同时取决于他人的策略选择。

从经济学的角度来看，如果有一种资源为人们所需要，而这种资源又具有稀缺性或者说总量是有限的，就会发生竞争；竞争需要有一个具体的形式把大家拉到一起，一旦找到了这种形式，竞争各方之间就会开始一场博弈。

博弈与理性人

博弈的特色是互动性，就是博弈的参与者至少有两个，就算只有一个人，如我们考虑今天出门是否带雨伞，也要把天气作为另一个参与者。只有明白这一点，我们才能更好地运用博弈。

有一个人死后升了天，在天堂待了数日，觉得天堂太单调，于是就请求天使让他去地狱看看，天使答应了他。

他到了地狱，看到繁花似锦的宫殿、一群群妖媚的鬼女以及各种美食，就对魔鬼说："今天我决定在这里过夜，听说这里很好玩。"魔鬼同意让他留下来过夜，并派了个美女招待他。

第二天，那人回到了天堂，跟地狱比起来，天堂的生活仍然很单调。过了不久，那人又开始想念地狱的花天酒地，于是再次请求天使准许他去地狱。一切都如同上一次，他容光焕发地回到天堂。又过了一阵子，他对天使说他要去地狱永久居住，说完不理天使的劝告，坚决地离开了天堂。

　　他到了地狱，告诉魔鬼他是来定居的，魔鬼把他迎进去，可是这次接待他的是一个蓬头散发、满脸皱纹的老太太。"以前接待我的那些美女哪儿去了？"那人不满又好奇地问。

　　"朋友，老实跟你说，旅游是旅游，移民却不是一回事！"魔鬼告诉他。

这是一个很简单的故事，我们若想用博弈原理来分析现象，就要掌握互动性的特色。我们再看局中人，在这个生活场景里有天使、魔鬼、当事人，我们先看第一个情节，当事人有两种策略选择，一种是继续待下去，一种是换个环境比如地狱，这两种选择是他与自己生活状态的一种博弈。如果我们把与他博弈的局中人换成天使，那么他在选择两种策略的时候，就要考虑天使的反应，他想选择第二种策略，去地狱，天使就面临着答应与不答应两种策略，若答应他怎么办，不答应他怎么办。当然，最后的策略均衡是答应了。

当事人去地狱后，魔鬼与他进行博弈，在用诱惑来吸引他和用丑恶来接待他这两种策略中，魔鬼为了留住当事人，先用第一种策略来吸引，如果他先用第二种策略的话，当事人肯定要走了，绝不会留在地狱。魔鬼先选择第一种，而等当事人已经决定留在地狱时，魔鬼拿出了第二种。魔鬼的每一个策略都是揣摩当事人的意思而定的，他和当事人之间有一个互动关系，如果当事人的策略选择是不留下，魔鬼肯定要换另外的策略，他总是按照当事人可能的策略选择来定自己的策略。

这是博弈的最大特色：分析任何一个你看到的博弈现象或者

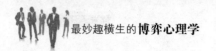

是你所处的博弈，都要考虑到对方的意思，因为博弈终究是人与人的较量。

博弈要素

要想在博弈中获胜，我们需要了解博弈的构成要素。一般来说，每个博弈至少包含五个基本要素。

局中人：也可以称之为决策主体，或者叫参与者、博弈者。在一场博弈中，每一个有决策权的参与者都是一个局中人。只有两个局中人的博弈称为"两人博弈"，而多于两个局中人的博弈称为"多人博弈"。

策略：在博弈中有了局中人，就要开始进行策略的选择了。一局博弈中，每个局中人都有可供选择的、实际可行的、完整的行动方案。方案不是某阶段的行动方案，而是指导整个行动的一个方案。一个局中人的一个可行的全局筹划行动方案，称为这个局中人的一个策略。如果在一个博弈中，局中人都只有有限个策略，则称为"有限博弈"，否则称为"无限博弈"。

效用：所谓效用，就是所有参与人真正关心的东西，是参与者的收益或支付，我们一般称之为得失。每个局中人在一局博弈结束时的得失，不仅与该局中人自身所选择的策略有关，还与全部局中人所取定的一组策略有关。所以，一局博弈结束时，每个局中人的"得失"是全体局中人所取定的一组策略的函数，通常称为支付（pay off）函数。每个人都有自己的支付函数，在整个人生的每一步行动中，其实都为自己简单地计算过支付函数中效用的得失，也就是干一件事情值还是不值。

信息：在博弈中，策略选择是手段，效用是目的，而信息则是根据目的采取某种手段的依据。信息是指局中人在做出决策前，所了解的关于得失函数或支付函数的所有知识，包括其他局中人的策略选择给自己带来的收益或损失，以及自己的策略选择给自己带来的收益或损失。在策略选择中，信息自然是最关键的因素，只有掌握了信息，才能准确地判断他人和自己的行动。

均衡：均衡是一场博弈最终的结果。均衡是所有局中人选取的最佳策略所组成的策略组合。均衡是平衡的意思，在经济学中，均衡意即相关量处于稳定值。在供求关系中，如果某一商品在某一价格下，想以此价格买此商品的人均能买到，而想卖的人均能卖出，此时我们就说，该商品的供求达到了均衡。所谓纳什均衡，它是一个稳定的博弈结果。

最大利益与最优决策

博弈的最大目的是利益，利益形成博弈的基础。经济学最基本的假设就是经济人或理性人的目的在于使收益最大化。参与博弈者正是为了使自身收益最大化而相互竞争。也就是说，参与博弈的各方形成相互竞争、相互对抗的关系，以争得利益的多少来决定胜负，一定的外部条件又决定了竞争和对抗的具体形式，所以，博弈就要注重结果，从结果出发来制定决策。

19 世纪中期，在美国宾夕法尼亚州发现了石油，成千上万人奔向采油区。一时间，宾夕法尼亚土地上井架林立，原油产量飞速上升。克利夫兰的商人们对这一新行当也怦然心动，他们推选年轻有为的经纪商洛克菲勒去宾州原油产地亲自调查一下，以便获得直接而可靠的信息。

经过一段时间的考察，洛克菲勒回到了克利夫兰。他建议商人们不要在原油生产上投资，因为那里的油井已有72 座，日产 1135 桶，而石油需求有限，油市的行情必定下跌，这是盲目开采的必然结果。他告诫商人，当别人全都开始进入一个行业时，我们自己的策略选择就是退出。

因为利润是有限的，当人们全都进入一个行业、疯狂争抢一块蛋糕时，在这场博弈里最理智的选择就是退出。洛克菲勒根据别人的选择做出了自己在石油问题上退出的决策。

果然，不出洛克菲勒所料，"打先锋的赚不到钱"。由于疯狂地钻油，油价一跌再跌，每桶原油从当初的20美元暴跌到10美分。那些钻油先锋一个个败下阵来。3年后，原油价格一再暴跌之时，洛克菲勒却认为投资石油的时候到了，这大大出乎一般人的意料。

此时，洛克菲勒认为别人全都不干石油了，自己的策略选择就是干石油。洛克菲勒总是根据众多商家的策略选择来决定自己的行为选择，洛克菲勒在投资中已经运用了博弈论。

洛克菲勒与克拉克共同投资4000美元，与一个在炼油厂工作的英国人安德鲁斯合伙开设了一家炼油厂。安德鲁斯采用一种新技术提炼煤油，使安德鲁斯——克拉克公司迅速发展。

后来，洛克菲勒决定放手大干了，但他的合作者克拉克这时却举棋不定，不敢冒风险。两个人在石油业务的决策上发生了严重分歧，最后不得不分道扬镳。分手后，洛克菲勒把公司改名为"洛克菲勒——安德鲁斯公司"，满怀希望地干起了他的石油事业。他迅速扩充了自己的炼油设备，日产油量增至500桶，年销售额也超出了100万美元。很快，洛克菲勒的公司成了克利夫兰最大的一家炼油公司，并成立了标准石油公司。

1865年洛克菲勒初进石油业时，克利夫兰有55家炼油厂，到 1870 年标准石油公司成立时只有 26 家生存下来，1872 年年底标准石油公司就控股了 26 家中的 21 家。

人的一生，本身就可以看成是永不停息的决策过程。而不管是什么决策，在做出之前，我们都要考虑结果，并依据结果来决定最终的选择，因为博弈就是要考虑结果。

第一章　博弈心理
为什么我们会本能地摇摆和对抗

在博弈中，每个参与者在轮到自己决策时，必须思考自己的行动将会给其他博弈参与者及自己未来的行动造成什么影响。也就是说，相继行动的博弈中，每个参与者必须预计其他参与者接下来会有什么反应，据此盘算自己的最佳策略。

自然界进化的稳定性

我们可以用博弈论来研究动物的行为，如果持某种基因的狮子或蚂蚁数量壮大了，这并不是说它们选择了这种策略，只是说明带有该基因的狮子或蚂蚁能繁衍出很多的后代而已。

我们假设博弈主体是一个巨大的种群，种群中所有个体都采用相同的策略 S，这是与生俱来的。假设突然间出现了一种变异，有那么一小部分个体开始采用别的策略，比如是 S′，那么这个采用 S′ 的突变小群体会不断繁衍还是会灭绝呢？如果对于任何可能出现的突变情况，即任何采用 S′ 的突变小群体最后都灭绝了，那么原始策略 S 就是进化稳定的，不过前提是它对所有可能的突变都成立。

有一点要注意，开始时变异个体很少，因此进行随机配对的时候，大多数情况下它们是和 S 进行配对的，偶尔才会遇到别的突变个体。因此，大多数情况下我们只需要研究突变个体在现有种群中的生存状况即可。

假设一群蚂蚁与生俱来地选择策略 S，进行随机配对。

两只配对的蚂蚁与生俱来地选择合作，他们各自收益为 2（为了便于说明收益情况，我们采用这种用数字代替收益的模式）。从基因的适应性上来说，他们的选择很好。两只蚂蚁生出另一只蚂蚁，整个种群中合作型的蚂蚁互相配对，就会繁殖出更多的合作型蚂蚁。

现在再假设突然产生了一个突变个体，这个小小的突变产生了一种不合作的蚂蚁。合作型的蚂蚁是占大多数的，但现在有一小部分的蚂蚁突变后不合作了，采用策略 S′。大多数合作型的蚂蚁相互配对，大家互利共生。但如果一个突变个体和一个合作型蚂蚁随机配对，接下来会发生什么呢？

对于合作型蚂蚁来说这很不幸，他和一只不太友善的蚂蚁进行了配对。假设这只合作型蚂蚁叫尼克，选策略 S，不合作型蚂蚁拉胡尔选择策略 S′。尼克的收益为 0，也就是说他被淘汰了，而拉胡尔的收益是 3，这样就不仅仅只有一个拉胡尔了，突变个体的数量将增多并继续配对。每一次配对时，合作型蚂蚁中的一部分会跟其他合作型蚂蚁配对，但是有时候合作型蚂蚁会和某一个突变个体配对，而且其概率越来越大，那么这些突变个体的数量就会不断增长。如果合作策略是进化稳定的，那么突变小群体就会慢慢消失而不产生更多的突变个体。但是现在这种突变个体不但没有灭绝反而不断繁衍，在随机配对中，突变个体的收益更大，这也就意味着突变个体不会灭绝，并将不断壮大。由此我们可以得出，合作不是进化稳定策略。

在这个例子中，我们把基因当作策略，把遗传适应性当作收益，这里的重点就是，带有适合基因的个体会繁衍，带有不适合基因的个体会灭绝，即好的策略会使种群不断壮大。我们从中得出的结论就是，自然选择的进化结果是糟糕而低效的。

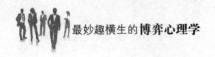

零和游戏规则

在哈佛大学经济系中，流传着这样一则笑话。

> 麦克和查尔斯是两个经济学家，他们经常在一起交流学术问题。一次，他们边散步边讨论。麦克看到一堆狗屎，就对查尔斯说："你吃了这堆狗屎，我给你 100 万。"
>
> 查尔斯犹豫了一会儿，但最终还是经不住诱惑吃了那堆狗屎。
>
> 麦克果然兑现承诺，给了查尔斯 100 万。
>
> 走不多远，查尔斯也看见了一堆狗屎，他对麦克说："吃了这一堆，我也给你 100 万。"
>
> 麦克也是先犹豫，但最终还是倒在了金钱面前，于是查尔斯又把麦克给他的 100 万还了回去。
>
> 故事并未到此为止。
>
> 走着走着，查尔斯忽然缓过神来了，对麦克说："不对啊，我们俩谁都没赚到钱，却帮环卫工人清理了两堆狗屎。"
>
> 麦克也感觉很不对劲，但他辩解说："我们是都没赚到钱，但我们创造了 200 万的 GNP！"

这则笑话虽是对经济学家的嘲弄，但它反映了零和博弈的基本道理。在零和博弈中，所有参与者的获利与亏损之和正好等于零，赢家的利润来自输家的亏损。

博弈根据是否可以达成具有约束力的协议分为合作博弈和非合作博弈。

合作博弈也称为正和博弈，采取的是一种合作的方式，或者说是一种妥协，博弈双方的利益都有所增加，或者至少是一方的利益增加，而另一方的利益不受损害，因而整个社会的利益有所增加。非合作博弈是指参与者不可能达成具有约束力的协议的一种博弈类型，具有一种互不相容的味道，包括负和博弈与零和博弈。

零和博弈属于非合作博弈，参与博弈的各方，在严格竞争下，一方的收益必然意味着另一方的损失，博弈各方的收益和损失相加总和永远为"零"，双方不存在合作的可能。零和博弈的结果是一方吃掉另一方，一方的所得正是另一方的所失，整个社会的利益并不会因此而增加一分。也可以说，零和博弈中自己的幸福是建立在他人的痛苦之上。

零和博弈现在广泛应用于有赢家必有输家的竞争中，"零和游戏规则"也越来越受到重视，因为人类社会中有许多与"零和游戏"相似的局面。

如果用一种最简单的现象来帮助人们理解零和博弈，那就是赌博：赌桌上赢家赢得的钱就是输家输掉的。

法国作家拉封丹有一则寓言讲的就是狐狸和狼之间的零和博弈。

一天晚上，狐狸来到水井旁，低头看到井底的月亮圆圆的，它以为这是块大奶酪。井边有两只吊桶，是人们用来一上一下交替汲水的。这只饿得发昏的狐狸马上跨进一只水桶下到井底，另一只水桶则升到了井面。

到了井底，它才明白水中的圆月是吃不得的，但自己已铸成大错，处境十分不利，如果没有另一个饥饿的替死鬼来打这水中月亮的主意，坐井口的另外一只水桶下来，

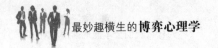

它就别指望活着回到地面上了。

　　两天两夜过去了，没有谁光顾水井。沮丧的狐狸正无计可施时，刚好一只口渴的狼途经此地。此时月亮高挂，狐狸不禁喜上眉梢，它抬起头跟狼打招呼："喂，伙计，我免费招待你一顿美餐怎么样？你看到这个了吗？"它指着井底的月亮对狼说："这可是块非常美味的奶酪，就算主神朱庇特病了，尝到这美味可口的食物也会胃口大开。我已吃掉了这奶酪的那一半，剩下这半也够你吃一顿的了。现在就委屈你钻到我特意为你准备好的桶里下到井里来吧。"这只狼果然中了狐狸的奸计。狼下到井里，它的重量使狐狸升到了井口。这只被困两天的狐狸终于得救了。

　　狐狸上来得救，狼下去受困，得与失相等，这就属于零和博弈。生活中的游戏通常都是一场零和博弈，因为游戏总有输赢，一方赢了，另一方就输了。为什么在赌场赌博总是输的多呢？因为赌博是一场零和博弈，开赌场的老板是要赚钱的，他赚的钱从哪里来呢？显然只能靠赌徒输钱了。

　　在属于非合作博弈的零和博弈中，双方是没有合作机会的。各博弈方决策时都以自己的最大利益为目标，结果是既无法实现集体的最大利益，也无法实现个体的最大利益。零和博弈是利益对抗程度最高的博弈，甚至可以说是你死我活的博弈。

　　在社会生活的各个方面都能发现与零和博弈类似的局面，胜利者的光荣后面往往隐藏着失败者的辛酸和苦涩。从个人到国家，从政治到经济，到处都有零和博弈的影子。比如篮球、拳击等体育比赛，美国民主、共和两党的总统竞选等，都属于零和博弈。

阿丽莎的"开窗难题"

电影《美丽心灵》中有这样一个情节。

一个烈日炎炎的下午，约翰·纳什教授在给学生上课。楼下有几个工人正在施工，机器的轰鸣声非常刺耳，于是纳什走到窗前狠狠地把窗户关上。

不过马上有同学提出意见："教授，请别关窗子，实在太热了！"

而纳什一脸严肃地回答："课堂的安静比你舒不舒服重要得多！"然后转过身一边在嘴里叨叨着："来给你们上课，在我看来不但耽误了你们的时间，也耽误了我的宝贵时间……"一边在黑板上写着数学公式。

此时，一位叫阿丽莎的漂亮女同学（她后来成了纳什的妻子）走到窗前打开了窗子，对窗外的工人说道："打扰一下，嗨！我们有点小小的问题，关上窗户，这里会很热；开着，却又太吵。我想能不能请你们先修别的地方，大约45分钟就好了。"

正在干活的工人愉快地说："没问题！"又回头对自己的伙伴们说："伙计们，让我们先休息一下吧！"

阿丽莎回过头来快活地看着纳什教授，纳什教授也微笑地看着阿丽莎，既像是在讲课，又像是在评论她的做法似的对同学们说："你们会发现在多变性的微积分中，往往一个难题会有多种解答。"

阿丽莎对"开窗难题"的解答，使得原本的零和博弈变成了另外一种结果：同学们不必忍受密闭室内的高温，教授也可以在安静的环境中讲课，结果不再是0，而成了2。由此，我们可以看到，很多看似无法调和的矛盾，其实并不一定是你死我活的僵局，那些看似零和博弈或者是负和博弈的问题，也会因为参与者的巧妙设计而转为正和博弈。这一点无论是在生活中还是工作上都给了我们有益的启示。

非零和博弈既可能是正和博弈，也可能是负和博弈。该理论的代表人物是，哈佛大学企业管理学教授亚当·布兰登勃格和耶鲁大学管理学教授巴里·奈尔伯夫。他们在合著的《合作竞争》一书中提出，企业经营活动是一种特殊的博弈，是一种可以实现双赢的非零和博弈。

在非零和博弈中，对局各方不再是完全对立的，一个局中人的所得并不意味着其他局中人要遭受同样数量的损失。博弈参与者之间不存在"你之得即我之失"这样一种简单的关系，参与者之间可能存在某种共同的利益，能够实现"双赢"或者"多赢"，这是正和博弈；与之相对的则是负和博弈，即博弈参与者最终无人获利，两败俱伤。对于正和博弈与负和博弈，可以举一个简单的例子加以说明，譬如一对情侣，双方可能一起得到精神的满足，这是正和博弈；恋爱中一方受伤的时候，对方并不一定得到满足，双方也许都很受伤，这种情况则是负和博弈。

犹豫不决等于慢性自杀

人们在生活中经常面临着种种选择，如何选择对人生的成败得失关系极大。因为人们都希望得到最好的结果，于是在选择之前反复权衡利弊，再三斟酌，仍旧犹豫不决。但是，在很多情况下，机会稍纵即逝，没有足够的时间让人反复思考，人们必须当机立断，迅速决策。如果一直犹豫不决，就会两手空空，一无所获。

法国哲学家布里丹养了一头小毛驴，每天向附近的农民买一堆草料来喂。

有一天，送草的农民出于对哲学家的景仰，额外多送了一堆草料，放在旁边。毛驴站在两堆数量、质量相同，并且与它距离完全相等的干草之间为难了。它虽然享有充分的选择自由，但是两堆干草价值相等，客观上无法分辨优劣，于是它左看看，右瞅瞅，始终也无法决定究竟选择哪一堆好。

于是，这头可怜的毛驴就这样站在原地，一会儿考虑数量，一会儿考虑质量，犹犹豫豫，来来回回，在无所适从中饿死了。

有人把决策过程中这种犹豫不定的情况称为布里丹毛驴博弈定律。时机是不等人的，只有及时抓住机遇，竭尽所能，才能取得成功。布里丹毛驴博弈定律的运用对于时机的把握有着重要的意义。

在生活中需要做出决定的时候，很多人总是踌躇不决，或拒绝做出决定。这样往往容易错失良机，或导致严重的后果。

某企业，随着事业发展、人手日增，人多嘴杂主意多，导致企业家不知听谁的好，因而无法形成决策，使企业运行陷入瘫痪。企业家某日见报上介绍一个新产品，名曰"决策机"，立即买来一台，严格按照使用说明进行操作。这一来，凡有需要决策之事，他叮叮当当按几下机器，便答复"行"或"不行"。手下人不明就里，直夸老板变得果断英明了。年底的庆功宴上，企业家酒后吐真言，英明者是决策机。手下大喜，既如此，我们何不把这个英明的钢铁家伙拆开来研究透，仿制了来卖？说干就干，切割机开始工作，切开一层又一层，厚厚的彩色钢板终于被切开，核心部件露出真面目——硬币一枚，一面写着 YES（行），另一面写着 NO（不行）。

决策者避免布里丹博弈定律的对策是果断选择后全力以赴。企业家必须果断地抓住时机，确定新的行进方向，集中所有资源不遗余力地向新方向进发，这是一位优秀决策者应有的前瞻性。

我们知道，做出决策的时机极为重要。决策正确，但机会错过了，会使决策效果大打折扣。管理者千万要记得"当机立断，刚毅果决"这八字秘诀。优柔寡断是决策的致命伤。

"看清了再做"只是一种理想状态，而不会在现实决策中出现，因为当你看得非常清楚的时候，所有的竞争对手都可能看得很清楚了，那么这个战略方向就不可能孕育出大赢的机会了。因此，大致看清楚一个方向的时候，企业只有全力进取，才能够有所突破。

有时候，企业甚至需要进行一场豪赌，这是企业最高决策者必须承担的一项责任。在这个过程中，最怕的是浅尝辄止，四面出击。浅尝辄止，很可能在快要挖到井水的时候放弃，并不能探索出真正的道路来。四面出击，只会分散有限的精力和资源，不可能找到未来的增长点。

大赌有赢也有输，这是必然的现象。但是长时间犹豫不决，代价更大。葛鲁夫在回忆英特尔转型时谈道："路径选错了，你就会死亡。但是大多数公司的死亡，并不是由于选错路径，而是在优柔寡断的决策过程中浪费了宝贵的资源，断送了自己的前途。"

负和博弈：两败俱伤的选择

博弈的理论承认人人都有利己动机，人的一切行为都是为了实现个人利益最大化，但同时，博弈策略的本质在于参与者的决策相互依存，帮助别人有时就是帮助自己，这样反而更能促成个人收益最大化。

在市场经济中，崇尚的道德应该是利己又利他，这两点并不矛盾。如果市场上每个人都只为自己，自私自利，甚至损人利己，最终结果还是损害自己；而我们为别人考虑时，往往也会为自己带来好处。当你从利己的角度出发去帮助别人的时候，就会达到"利己又利他"的效果；反之，为了利己而做伤害别人的事，自己虽然会有一时之益，但从长远来看，必定得不偿失。

2009 年 12 月 31 日，冰岛前总统奥拉维尔·格里姆松表示，将推迟签署议会批准的偿付协议——偿付在冰岛 Icesave 银行破产中遭受损失的英国及荷兰储户，因为该协议遭到了冰岛民众的普遍反对。冰岛议会 29 日授权向英国和荷兰政府支付 38 亿欧元，这些资金中部分用来补偿在冰岛 Icesave 银行倒闭中逾 32 万个损失储蓄的储户。31 日，评级公司标准普尔曾称赞冰岛议会的决定，并在一份声明中将冰岛的信用等级前景从"负面"上调至"稳定"。

议会 30 日批准的支出计划遭到普遍的反对，格里姆松称，正如此前预计，他"今天将不对此做出决定"。3 天后，他收到 32 万冰岛居民中接近 4 万人签署的反对该协议的请愿书。如果总统

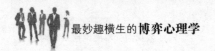

（拒绝）支持该议案，该问题将诉诸全民投票表决。

冰岛前总统格里姆松说，他不会签署赔偿英荷两国存户38亿欧元存款损失的议案。他说，他将让全民投票，决定是否做出赔偿。

这引起了英国和荷兰两国的不满。荷兰说，冰岛的做法让人"无法接受"；英国财政部则希望冰岛履行其"责任"。当时的英国金融服务大臣的麦纳斯警告，冰岛倘若这么做，不仅将面临金融孤立的危险，其通往欧盟的道路也可能受阻。

在冰岛同英国和荷兰的这场博弈中，如果冰岛真的赖账，那么冰岛和英荷两国将陷入双输的局面：英荷两国的储户会遭受巨额损失，而冰岛则会面临被欧洲其他国家金融孤立的危险，这无疑会让本来就已风雨飘摇的冰岛经济雪上加霜。如果冰岛真的采用这一策略，那么这就是一场典型的负和博弈，双方都没有获利。

正和博弈：大家好才是真的好

小溪边有三处灌木丛，每处灌木丛中都居住着一群蜜蜂。附近的一个农夫觉得这些灌木丛没有多大用处，便决定铲除它们。

当农夫动手清除第一处灌木丛的时候，住在里面的蜜蜂苦苦地哀求："善良的主人，看在我们每天为您的农田传播花粉的情分上，求您放过我们的家吧。"

农夫看看这些无用的灌木丛，摇了摇头说："没有你们，别的蜜蜂也会传播花粉的。"很快，农夫就毁掉了第一群蜜蜂的家。

没过几天，农夫来砍第二处灌木丛时，从中冲出来一大群蜜蜂，对农夫嗡嗡大叫："残暴的地主，你要敢毁坏我们的家园，我们绝对不会善罢甘休！"农夫的脸上被蜜蜂蜇了好几下，他一怒之下，一把火把整个灌木丛烧得干干净净。

当农夫把目标锁定在第三处灌木丛的时候，蜂王飞了出来，它对农夫柔声说道："睿智的投资者啊，请您看看这处灌木丛给您带来的利益吧！您看看我们的蜂窝，每年我们都能生产出很多的蜂蜜，还有最有营养价值的蜂王浆，这可都能给您带来不菲的经济效益啊，如果您把这些灌木丛除去了，您将什么也得不到，您想想吧！"农夫听了蜂王的介绍，觉得有道理，于是放下了斧头，与蜂王合作，做起了经营蜂蜜的生意。

在这场人与蜂的博弈中，面对农夫，三群蜜蜂运用了三种策略——恳求、对抗、合作，只有第三群蜜蜂保住了自己的家园，农夫也从中获益匪浅，双方实现了双赢。

这则寓言告诉我们，如果博弈的结果是"零和"或"负和"，那么，一方得益就意味着另一方受损或双方都受损，这些显然都不是最优结果。人与人之间如果都能争取合作，把一味利己的竞争博弈变成双赢的正和博弈，就能使人际关系和个人成长向着更健康的方向发展。

双赢是最佳的合作效果，合作是使利益最大化的有效武器。很多情况下，对手并不仅仅是对手，正如矛盾双方可以转化一样，对手也可以变为助手和盟友，微软公司对苹果公司慷慨解囊就是一个最好的案例。如同国际关系一样，商场中也不存在永远的敌人，利益才是永恒的。

皮尔斯和杰夫同时进入美国加州一家电力公司，在工作中他们的能力不相上下。皮尔斯是电力公司总经理的亲属，而杰夫是单枪匹马，他们都是部门负责人，但杰夫并没有因为自己没有皮尔斯那样的关系而表现消极。在工作中，杰夫经常与皮尔斯相互协作，完成工作中的难点，相互配合非常默契。皮尔斯也愿意同

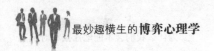

杰夫编在一组，相互促进。在完成 11 万伏高压输电线路安装过程中，皮尔斯与杰夫一起晚上看图纸，安排工序、白天干活，最后比预定工期提前 1/3 完成任务，还因此受到表彰。

曾经有朋友劝杰夫，皮尔斯本来就有关系，现在你帮他的忙相当于断了自己的升迁之路。杰夫对朋友说："第一，我佩服的是皮尔斯的能力和人品，皮尔斯能成功，靠的是自己的实力；第二，如果自身能力不强，即使领导不会看重皮尔斯，我也不会有什么出息，现在我也是向他学习本事；第三，一旦皮尔斯升迁，我与他配合默契，工作起来也顺手。"

通过相互之间的配合，他们取得了很大的成绩，上级通过皮尔斯也认识了杰夫，认为两个人的能力同样突出。在皮尔斯被提为安装公司经理之后，杰夫理所当然地成了副经理。皮尔斯心里也明白，没有杰夫的帮助，仅靠自己不会有这样突出的成绩。不久之后，通过关系，皮尔斯将杰夫调到另一部门担任正职。这样，杰夫的路子也宽广起来。同时，两个人在两个部门相互协调，工作就更加好干了。

不论是展示自己的才能，在工序流程中能够独挑大梁，配合他人的工作，还是在团体运作中具有团结精神，都是能够得到别人赏识的。当然，协助别人工作同给别人当下手不一样，协助别人要有自己的思想，有自己独到的见解。没有独到的见解，总是人云亦云，帮助别人做打杂的活儿，是永远成不了气候的。

多次博弈与单次博弈

经常出差或旅行的人，在车站或景点等地购物时，会注意到这些人群流动性很大的地方，不但服务质量差，而且假货横行。

这是因为在商家和顾客之间存在的是"一次性博弈"。

　　休斯敦火车站广场边上的一家小卖店出售饮料、汉堡包等商品，店门口的一个玻璃柜子中摆着各种香烟。

　　"我马上就要上火车了，你在达拉斯车站接我。老板，来包万宝路。"凯尔打着电话，给店主递过钱去后，买了一包万宝路烟匆匆离开。但凯尔突然又回过身来问："老板，你的烟不会有假吧？"

　　"怎么可能，这些烟都是从烟草公司进的，正规渠道，怎么会假。"

　　"真的吗？"

　　"你要不要，不要走开！"

　　看到店主凶巴巴的样子，凯尔苦笑着走向站里。

　　在博弈中，每个参与者在轮到自己决策时，必须思考自己的行动将会给其他博弈参与者及自己未来的行动造成什么影响。也就是说，相继行动的博弈中，每个参与者必须预计其他参与者接下来会有什么反应，据此盘算自己的最佳策略。

　　但在一次性博弈中，因缺乏强烈的道德与情感因素的约束，参与者仅为自己当前的最大收益而奋斗。他不太关心自己未来的利益，因为他确信今后自己不用再和对方进行博弈，从而会施展所有手段争取当前利益的最大化。所以，凯尔遇到的那位老板态度才如此恶劣，他卖的万宝路真假如何，不用猜都知道。假如市场交易都是一次性的，那么市场上肯定假冒伪劣商品泛滥，因为销售者出卖假冒伪劣商品可以获得更多的收益。

　　但生活中更多的是重复性博弈，与一次性博弈完全不同，它遏制了人们的绝对功利性，每一个参与者的行动都必须小心翼翼，因为他们需要为将来考虑。如果有谁在第一次博弈中就耍尽欺诈手段，或者背叛，那么在未来的博弈中，他将付出代价，显然采取这种策略对他来说是不明智的。因此，在重复性博弈中，不诚信的情况比较少。

我们也可以借用重复性博弈的理论来解释夫妻之间的一些行为。

夫妻之间闹别扭，妻子一般不敢闹得太过分，丈夫也不会一直记恨在心，因为他们都明白，仅为一时意气而严重伤害对方，最终对双方都没有好处。

对于夫妻而言，博弈的目的不是为了在分手时能得到更多的"好处"，而是希望能更好地"维持合作的稳定性"，白头偕老。

通常来说，在经历多次博弈之后，会达到一个纳什均衡。在纳什均衡点上，每个参与者的策略都是最好的，此时如果任何一个参与者改变策略，他的收益都会降低，任何一个理性的参与者都不会有单独改变策略的冲动，没有人愿意先改变或主动改变自己的策略。这种相对稳定的结构会一直持续下去，直到博弈的终点。

重复性博弈可以有效地防止背叛策略的出现，只要博弈继续下去，博弈的双方就不得不考虑自己背叛后对方会采取什么样的策略来对付自己。此外，重复博弈还有另外一个作用，它可能会无限放大一次性博弈的结果。

员工和雇用他的公司就处在重复博弈当中，因此员工往往会为了将来的利益来抑制自己的背叛行为，而公司也同样会因为希望提高员工的忠诚度而表现出好的姿态，这是一种合作的博弈。

将来的博弈，不仅仅是一种防止背叛的手段，也是一种可以寄予希望的手段。当将来存在时，人们会因为考虑长远而更理性地处理眼前的问题。

第二章　纳什均衡
为什么我们要寻找互利的平衡点

在博弈达到均衡时，博弈中的每一个参与者都不可能因为单方面改变自己的策略而增加收益，于是各方为了自身利益的最大化而选择某种最优策略，并与其他参与者达成某种暂时的平衡。在外界环境没有变化的情况下，倘若有关各方坚持原有的利益最大化原则并理性地面对现实，那么这种平衡状况就能够长期保持稳定。

麦当劳与肯德基通常会在同一条街上选址

诺贝尔经济学奖获得者约翰·纳什提出的"纳什均衡"在博弈论中占据着不可或缺的位置。通俗地说，纳什均衡的含义就是：在给定你的策略的情况下，我的策略是最好的策略；同样，在给定我的策略的情况下，你的策略是最好的策略。即双方在对方给定的策略下不愿意调整自己的策略。由此可见，纳什均衡是一种稳定的博弈结果。

哈佛有很多学生体形比较丰满，这大概是他们经常光顾麦当劳或肯德基造成的。这些学生应该都注意到这样一种现象，麦当劳与肯德基通常会在同一条街上选址，或相隔不到 100 米的对面或同街相邻门面。而大多数超级市场和购物中心的布局也存在类似现象。照常理来说，同类商家集结在一起意味着更激烈的竞争，那为什么它们偏偏喜欢聚合经营，在一个商圈中争夺市场呢？这

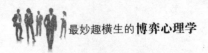

样选址会不会造成资源的巨大浪费？会不会造成各超市或商家利润的下降呢？

聚合选址不可避免地导致更为激烈的竞争，其结果是企业要生存和发展就必须提升自己的竞争力。企业有个性，才有竞争力。以超市为例，在超市经营上要有特色，就要明确市场定位，深入研究消费者的需求，从产品、服务、促销等多方面进行改善，树立起区别于其他门店的品牌形象。如果每一个连锁超市都能够做到这一点，就可以发挥互补优势，形成"磁铁"效果，这样不仅能够维持现有的消费群，还能够吸引新的消费者。

另外，商业的聚集会产生"规模效应"，一方面，是所谓的"一站式"消费，丰富的商品种类满足了消费者降低购物成本的需求，而且同业大量聚集实现了区域差异最小化，为消费者实现比较购物的想法建立了良好基础；另一方面，经营者为适应激烈的市场竞争环境，谋求相对竞争优势，会不断进行自身调整，在通过竞争提升自己的同时让普通消费者受益。

因此，像麦当劳、肯德基这种聚合选址能使商家充分发挥自己的优势，从而促进自身利益最大化。选择聚合经营也是商家的占优策略，在这种博弈中，每一方在选择策略时都没有"共谋"，他们只是选择对自己最有利的策略，而不考虑其他人的利益，然而这种追求自身利益最大化的本能恰好促成了双方最终实现纳什均衡。

这就是一种相互依存的博弈，而相互依存的策略会促成均衡。

同一博弈中，所有博弈参与者的策略都有相互依存的关系。每一个博弈参与者从博弈中所得的结果不仅取决于自身的策略选择，同时也取决于其他参与者的策略选择。

均衡可以说是博弈论中最重要的思想之一，但其本质并不复杂。我们在前面章节中已经多次论述了纳什均衡的内涵，此处介绍一下一般均衡的概念：在博弈达到均衡时，博弈中的每一个参与者都不可能因为单方面改变自己的策略而增加收益，于是各方为了自身利益的最大化而选择某种最优策略，并与其他参与者达成某种暂时的平衡。在外界环境没有变化的情况下，倘若有关各方坚持原有的利益最大化原则并理性地面对现实，那么这种平衡状况就能够长期保持稳定。

在所有均衡中，纳什均衡是一个基础性的概念。纳什均衡是所有参与者最优策略的组合，不一定所有选择都能实现个人收益的最大化，但能使所有人的收益都达到最大化的均衡状态。

在现实生活中，有相当多的博弈，我们无法使用严格优势策略均衡（指不论对方采取何种策略，我采取此策略总比采取其他任何策略都好）或重复剔除严格劣势策略均衡的方法找出均衡解。比如，在房地产开发中，假定市场需求有限，只能满足一定规模的开发量，A、B 两个开发商都想开发这一规模的房地产，而且，每个房地产商必须一次性开发这一规模的房地产才能获利。在这种情形下，无论对开发商 A 还是 B 来说，都既不存在严格优势策略，也不存在严格劣势策略（严格劣势策略是指在博弈中，不论其他人采取什么策略，某一参与者都可能采取策略中对自己严格不利的策略）。如果 A 选择开发，则 B 的最优策略是不开发；如果 A 选择不开发，则 B 的最优策略是开发。A 与 B 在做出策略选择的时候，显然是相互依存的。研究这类博弈的均衡解，就需要引入纳什均衡。

在纳什均衡中，每个参与者都对自己的策略感到满意，构成纳什均衡的策略一定是重复剔除严格劣势策略过程中不能被剔除的策略。

与重复剔除的占优策略均衡一样，纳什均衡不仅要求所有博弈参与者都是理性的，而且要求每个参与者了解所有其他参与者也都是理性的。在占优策略均衡中，不论所有其他参与者选择什么策略，一个参与者的占优策略都是他的最优策略。因此，占优策略均衡一定是纳什均衡。而在重复剔除的占优策略均衡中，最后剩下的唯一策略组合，一定是在重复剔除严格劣势策略过程中无法被剔除的策略组合。因此，重复剔除的占优策略均衡也一定是纳什均衡。

需要注意的是，博弈的结果并不都能成为均衡。博弈的均衡是稳定的，因此可以预测。

刺猬的最佳距离

心理学家曾做过这样一个实验。

寒冷的冬天，一群刺猬被冻得瑟瑟发抖，它们为了取暖，就紧紧地挤在一起，但是各自长长的尖刺很快就把对方刺痛了，于是就四散跑开了。

天寒地冻，寒冷使它们很快又聚集在了一起，但是当它们彼此靠近时，又重复了第一次的痛苦。刺猬们如此分了又聚，聚了又分，徘徊在寒冷和被刺痛两种痛苦之间。直到后来，它们终于找到了一个合适的距离，既可以互相取暖，又不会刺伤对方。

其实，我们每个人都像一只刺猬，人与人之间的交往也应该有一定的距离，即"身体距离"和"心理距离"。"身体距离"即"私人空间"，"心理距离"即"孤独感"。

所谓"私人空间"，就是指环绕在人体四周的一个抽象范围，用眼睛没有办法看清它的界限，但它确确实实存在，而且不容他人侵犯。例如，在拥挤的车厢或电梯内，你总会在意他人与自己的距离。当别人过于接近你时，你就会通过调整自己的位置来逃避这种接近的不快感。但是，当周围挤满了人而无法改变时，你就只能以对其他人漠不关心的态度来忍受心中的不快，所以看上去神情木然。

还有一位心理学家也做过类似的实验：在一个刚刚开门的阅览室里，当里面只有一位读者时，心理学家就进去拿椅子坐在他（她）的旁边。实验进行了整整80人次。结果证明，在一个只有两位读者的空旷的阅览室里，没有一个被试能够忍受一个陌生人紧挨自己坐下。当心理学家坐在他们身边时，被试不知道这是在做实验，多数人很快就默默地离开到别处坐下，有人则干脆明确表示："你想干什么？"这就说明，人们不管走到哪里，"私人空间"的意识都永远存在。

交往中需要与人保持一定的距离，这似乎是人人都知道的道理，可是，最佳的距离具体是多少？恐怕知道的人就不多了。

事实上，最佳距离的远近首先取决于你交往的对象是谁。美国人类学家爱德华·霍尔在《无声的语言》中，制定了一个人际心理距离和空间距离相对应的尺度，用四个区域来表示。

但是，正如霍尔教授所说的，一个人的个人空间像一个"气泡"，它紧紧地跟随着一个人，在不同的环境下会扩大或缩小。假设在高峰时的公共汽车里，如果一个人坐在双人座上，即使他的身体几乎与另一个人的身体相触，旁边的那个人也是不会走开的。如果这种情况发生在公园、阅览室等地方，那人早就会自觉地起身离开了，从中可见一个人的个人空间是会变动的。在拥挤的公共汽车里，一个人的个人空间就会缩小到最低点。

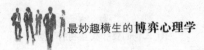

心理距离◆━━━▶空间距离	
亲密区	亲密区的距离在0～46厘米。这个区属于家庭成员、莫逆之交等最亲密的人。在这个区域内，两个人可以互相接触，能嗅到各自身上发出的气味，说话一般轻声细语。这个距离尤其适用对肌体的抚慰。两人一旦处于亲密区的距离，就会排斥第三者的加入。
熟人区	熟人区的距离分两个层次，一个层次是46～60厘米，这是私人的空间距离。夫妻或情侣之间可以在这个距离中自由来往，如果别的女人试图和一个男人这样做，那这个男人的妻子必定大发雷霆。另一个层次是60～120厘米，老同学、老同事、关系融洽的隔壁邻居之间的距离就属于这个距离。当我们向人吐露秘密时，差不多在这个距离内进行。这个区域的话题可以或多或少地涉及机密，而且统统是个人的、与双方有关的事宜。
社交区	社交区的距离为也分两个层次：一个层次是120～210厘米。如在办公室里，一起共事的人总是保持这个距离进行一般性交谈，分享与个人无关的信息。另一个层次是210～360厘米，如正式会谈时，人们一般都保持这个距离。这个距离内目光的接触比交谈更重要，没有目光的接触，交谈的一方会感到被排斥于外，也许会导致交谈中断。进入这个区域的人彼此相识，但不熟悉，交谈内容多半是事务性的，不含感情成分。
公共区	公共区的距离在360厘米以上，完全超出了可以与他人进行深入交流的范围。演讲者与听众、非正式的场合，以及人们之间极为生硬的交谈都保持这个距离。

　　同时，最佳距离的多少还与交往者的文化背景有关。比如，你如果与一位美国人交谈，距离不得小于60厘米，否则他会觉得你不友好；但如果与一名阿拉伯人交谈，距离就要小于60厘米，

否则他会觉得你不友好，还可能会出现他不断向你靠近以示友好而你则不断后退的有趣场面。究其原因，是不同文化背景所致。

心理学家还发现：人们离他喜欢的人比离他讨厌的人更近些；离要好的人比一般熟人靠得更近些；同样亲密关系的情况下，性格外向的人比性格内向的人与人保持的距离更近些；两个女人谈话总比两个男人谈话挨得更近些；同性谈话比异性谈话相距近一点。

总之，在人际交流中，我们知道了最佳距离的道理，然后根据与对方关系的亲疏，合理地运用，就会收到意想不到的好效果。

违章停车与理性犯罪

有这样一个案例。

祖孙俩去购物中心，不巧，他们赶到时停车场已经没有停车位了。祖父决定把车停在最多只允许停车半小时的地方。

孙子问祖父："这里只能停半小时，连吃顿饭的时间都不够，难道我们要被警察罚款吗？"

祖父说："停这里是有可能罚款，但我想警察应该查得不严。"

孙子听了听很困惑，又问："这是理性违章吗？"

祖父干脆地答道："是。"

好奇的孙子和理性的祖父，再现了诺贝尔经济学奖得主加里·贝克尔传奇般的故事。这位诺贝尔奖得主最主要的贡献，就

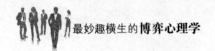

是理性犯罪理论。而他研究得出的这个理论的雏形，正源于 40 年前停车场上的同样一幕。

当时，加里·贝克尔作为考官去考一个读博士的学生，没想到，路上遇到事故，他迟到了，来不及再去找免费停车场。于是，他衡量了一番，在收费停车场停车的成本与违章停车被抓的风险之间做了一次选择。就是这一次决策，让他在头脑中形成了一个当时还比较罕见的想法：罪犯对日后受到惩罚的风险与成本，可能都有所反应。他随即将这个问题作为考题与考试的学生讨论起来。

在经过深入思考和研究后，加里·贝克尔提出了理性犯罪理论。

所谓理性犯罪，是指当人们从事犯罪活动的效用（收益），超过他把时间及其他资源用于从事其他活动所能带来的效用（收益）时，他就会选择犯罪。

一些企业家所犯的操纵证券罪是其中的典型。比如，集中资金控制流通股，量刑是有期 5 年，而在这次操纵中可以得到的资金回报是 1 亿，就是说每坐一年牢可以得到 2000 万，而在市场上过着犯人都不如的生活也未必能每年挣 1000 万。因此，在这种情况下，不法分子会采取理性犯罪。

"铁腕上司"和"鹰派下属"

玩猴博弈来源于这样一个实验。

实验人员把一群猴子关在一个笼子里，主人每天都要打开笼子抓一只猴子，然后当着其他猴子的面把这只猴子杀掉。这群猴子很快意识到：不能被主人抓走，因为抓走就会被杀掉。所以每次主人靠近笼子要抓猴子时，猴子们都极度紧张，不敢有任何举动，生怕引起主人的注意而被选走杀掉。当主人把目光定格在其中一只猴子身上时，其他的猴子马上远离这只猴子，统统畏缩在笼子的另一边，希望主人赶快下定决心把它抓走。当主人把这只猴子抓走时，没有被选中的猴子就会非常高兴，在一旁幸灾乐祸地看着被选中的猴子拼命反抗。可这样的过程不是一次性的，而是逐步进行的，日复一日，最终所有猴子都被主人宰杀了。

我们假想一下：在玩猴博弈中，如果这群猴子在意识到被抓去就是死之后就群起反抗，当主人抓它们当中的任何一只猴子时，其他猴子都去抓挠撕咬主人。主人迫于它们集体的压力，或许就会改变主意。

这就是玩猴博弈给我们的另一个启示：在均衡点唯一的情况下，谁态度最强硬，谁就可能占据主导权。而从现实的利益出发来考虑，树立一个不好惹的强硬形象或取得强势地位对自身都是有好处的。比如，在单位里经常有"铁腕上司"和"鹰派下属"之间的博弈。

所谓"铁腕上司"是指非常强硬的上级，"鹰派下属"是指对待上级毫不买账的下属。当铁腕上司与鹰派下属发生冲突时，什么样的情况才能达到博弈的均衡呢？

假设铁腕上司和鹰派下属都可以选择对彼此强硬或者屈从态度，那么这个博弈中的纳什均衡是（屈从，强硬）和（强硬，屈从）。也就是说当上司强硬时，下属应该屈从；如果下属很强硬，那么上司最好屈从。所以，从管理者的角度来说，上司不妨树立一个"不好惹"的形象，这样一来，即使是鹰派下属也可能会委曲求全。

但是，反过来说，如果你是一个鹰派下属，那你的上司很可能让你三分。但要注意的是，鹰派下属是靠实力和业绩干出来的，如果你既无才干，又无实力，更无业绩，但是脾气却不小，动不动就和自己的上司强硬到底，那么上司往往不会选择屈从于你，而是选择强硬，在这样的博弈中，等待你的恐怕只有被迫出局。

找准他人的"兴奋点"

博弈之初，很多人因暂时看不到能给自己带来的利益而拒绝合作。此时，我们应该诱导其先做些尝试，刺激起他的兴趣与渴望，然后再说服他参与合作。

美国《纽约日报》总编辑雷特身边缺少一位精明干练的助理，他便把目光瞄准了年轻的约翰·海。而当时约翰刚从西班牙首都马德里卸除外交官一职，正准备回到家乡伊利诺伊州从事律师职业。

雷特请约翰·海到联盟俱乐部吃饭。饭后，他提议约翰·海到报社去玩玩。从许多电讯中，他找到了一条重要的海外消息。那时恰巧国外新闻的编辑不在，于是他对约翰说："请坐下来，为明天的报纸写一段关于这消息的社论吧！"约翰自然无法拒绝，于是提起笔来就写。社论写得很棒，于是雷特请他再帮忙顶一个星期、一个月，渐渐地，干脆让他担任这一职务。而约翰也在不知不觉中对这份工作产生了浓厚的兴趣，回家乡做律师的计划提得越来越少，最后就留在纽约做新闻记者了。

合作能为博弈双方带来正和结局。但是博弈之初，很多人因为暂时看不到合作能给自己带来的利益而拒绝。此时，如果直接劝服他人与自己合作，或参与到某件事中来，往往容易遭到拒绝，且没有回旋余地。我们应该向故事中的雷特学习，诱导其先做些尝试，刺激起别人的兴趣与渴望，这样就比较容易说服他人与自己合作了。

不过，在运用这一策略的时候，要注意的是：诱导别人参与自己的事业的时候，应当首先找到别人的兴奋点，引起别人的兴趣。

当你要诱导别人去做一些很容易的事情时，可以先给他一点小胜利、小甜头。当你要诱导别人做一件重大的事情时，你最好给他一个强烈的刺激激起他对此事的兴趣，使他对做这件事有一个要求成功的渴望。在此情形下，他的自尊心被激起来了，被一种渴望成功的意识刺激了，于是，他就会很高兴地为了愉快的经验再尝试一下。

得不到的葡萄酸，得到的柠檬甜

《伊索寓言》中有这样一个故事：狐狸想吃葡萄，但由于葡萄长得太高而无法吃到，就说葡萄是酸的，没有什么好吃的。这种因为自己真正的需求无法得到满足产生挫折感时，为了解除内心不安，编造一些"理由"自我安慰，将目标贬低说"不值得"追求，而不是说自己条件不够或不太卖力的行为，也就是借着贬低对方，来安慰自己的现象，称为"酸葡萄"机制或"酸葡萄"效应。人们借此来消除紧张、减轻压力，使自己从不满、不安等消极心理状态中解脱出来，保护自己免受伤害。相反，有的人得不到葡萄，而自己只有柠檬，就说柠檬是甜的。这种强调凡是自己认定的较低的目标或自己有的东西都是好的，借此减轻内心的失落和痛苦的心理现象，被称为"甜柠檬"机制。

"酸葡萄"与"甜柠檬"机制在日常生活中都很常见。"葡萄酸"机制如：有的大学生参加某一竞聘或招录活动，初选即被淘汰，于是对人说"我本来就对这个岗位不感兴趣，只是别人叫我一起去凑凑热闹而已"。又如有人因为自身封闭性较强，不善于与人交往导致人际关系圈狭小，却常说："张三品质太差，不值得结交；李四人缘不好，交往多了会影响自己发展。"

"甜柠檬"机制，如打碎了自己心爱的器皿说"碎碎平安"；被人偷了钱财说"破财免灾"；孩子天资稍差，智力平平，便安慰自己说"憨人有憨福"。你买了一套衣服，回来觉得价钱太贵，颜色也不如意，但你和别人说起时，你还是会强调这是今年最流行的款式，即使价格贵点也值得。有的学生没有选上班干部，就说"无官一身轻，可以省去我很多精力，这样有更多时间学习"。这些都是"甜柠檬心理"的表现。

这两种心理防卫方式的实质是一样的，是一个问题的两面：都是因自己的真正需求无法得到满足而产生受挫感时，为了消除或减轻内心的不安，编造一些"理由"，进行自我安慰。

"酸葡萄"心理和"甜柠檬"心理看起来愚蠢可笑，但从心理学上讲，却有它的积极作用。生活中每个人都会遇到一些不如意的事，如珍贵的物品被盗或丢失、参加比赛名落孙山、和朋友产生误会、失恋、亲人去世……有的事情是我们人力所无法挽回的。遇到这样的事情，我们与其悲伤、哀叹，不如学会自我安慰，即依靠自我调节、自我解脱来实现心理平衡。否则，我们就会像泰戈尔的诗中所说："在我们哀叹失去月亮的时候，我们又失去了星星。"

"吃不到葡萄，就说葡萄酸"似乎是贬义的。但谁让人生有那么多的不如意和无奈呢，而每个人都希望自己不要活得太累，活得更快乐一些。

"酸葡萄"和"甜柠檬"心理反映了当事人的心理素质具有某种对抗受挫感的弹性，可以帮助人在遇到挫折时从忧伤中解脱出来，灵活地松动既定的、可望而不可即的追求目标，暂时保持一种良好的心态，防止行为上出现偏差。从心理学的角度来讲，适度的精神胜利法对于调节心理平衡非常有效，"酸葡萄"和"甜柠檬"效应提醒我们：对于同一件事，如果从不同的角度去看，结论会不尽相同，心情也会不一样。现实生活中，几乎所有事情都存在积极性和消极性，当你遇到不顺心的事情时，如果只看到消极的一面，心情就会低落、郁闷，只有从积极一面去看，才能帮你走出心情的低谷，变得平静、开朗起来。

其实，凡事看开一些是一件好事，所以当你遇到什么不顺的事的时候，不妨试用一下"酸葡萄"和"甜柠檬"心理，多多开导一下自己，这样你或许会觉得开心些。如果大家都能使用这个方法，就不会有那么多人天天念着"烦呀烦"的，也就不会有那么多人天天苦着一张脸，整个社会也会更快乐。

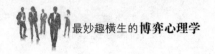

开车要不要遵守限速规定

假如所有人都在超速行驶，那么你有两个理由超速。首先，开车的时候与道路上车流的速度保持一致更安全。在大多数高速公路上，如果车速只开到每小时 55 千米，就会成为一个危险的障碍物，人人都必须避开它。其次，假如你跟着其他超速车辆前进，那么被抓住的机会几乎为零，因为警方根本没工夫让它们通通停到路边进行处理。只要你紧跟着道路上的车流前进，那么总体而言你就是安全的。

当然，假如越来越多的司机遵守限速规定，上述两个理由就不复存在。这时超速驾驶将越来越危险，因为司机需要不断在车流当中穿过来又插过去，而被逮住的可能性也会急剧上升。

在超速行驶的案例中，变化总是趋于其中一个极端。因为跟随你的选择的人越多，这个选择的好处就越多，一个人的选择会影响其他人。假如有一个司机超速驾驶，他就能稍稍提高其他人超速驾驶的安全性。假如没有人超速驾驶，那谁也不想第一个超速驾驶从而为其他人带来"好处"，因为那样做不会得到任何"补偿"。反之，假如人人超速驾驶，谁也不想成为唯一落后的人。

与这一思维类似，在日本经济高速成长期有一句著名的话——"红灯大家一起闯就不怕"，它并不建立在正确的是非道德观念上，而是建立在多数人的做事标准之上。具体地说，就是别人怎么做，我就怎么做，别人不做，我也不做，不管做的事情和不做的事情是对是错。我们经常会碰到这种情况：只要我们行事符合多数人的标准，就是对自身最有利的，不管这种做法是否符合道德标准。这种"随波逐流"的社会思维思之令人不寒而栗。如果善加引导，它会成为维护社会稳定、推动社会进步的巨大力量；如果听之任之，或者被恶意者利用，则后果不堪设想。

若是希望鼓励驾驶者遵守限速，关键在于争取一个临界数目的司机。这么一来，只要有一个短期的极其严格且惩罚严厉的强制执行过程，就能扭转足够数目的司机的驾驶方式，从而产生推动人人守法的力量。均衡将从一个极端（人人超速）转向另一个极端（人人守法）。在新的均衡之下，警方即使缩减执法人手，守法行为也能自觉地保持下去。

第三章 "大猪" VS "小猪"
为什么以弱胜强是一种决策

用我们日常的话来讲，智猪博弈就是一个不同期望值之间的博弈，如果各方的期望值都相同，那么结果就会像三个和尚那样僵持，如果有一方的期望值低于另一方的期望值，而且这种期望值也容易实现，那么另一方就大可以做那只坐享其成的"智猪"。

永远不要选择劣势策略

公元前 3 世纪，迦太基名将汉尼拔率军进犯意大利。摆在他面前的只有两条路，一条路崎岖难行，需要翻越阿尔卑斯山；另一条路平坦，只需要沿着海岸线走。如果汉尼拔大军选择崎岖的路，仅在穿越阿尔卑斯山的途中就要损失一个营的兵力，这是选择崎岖之路的代价。罗马军队因为受到兵力的限制，只有足够的兵力在其中一条路上设防，所以，汉尼拔大军若碰巧遇到了罗马军队设防的途径，无论崎岖之途还是平坦之途，他还要再损失一个营的兵力。那么，汉尼拔将军该选择从哪条路进军意大利呢？而罗马大军又该选择在哪条路上设防呢？

我们需要弄清楚收益后才能分析此博弈。分析博弈最重要的方法，也就是策略分析的核心是学会换位思考，分析对手的收益是什么样的，然后以此得出他们会怎么做。

为了更加清晰地说明汉尼拔大军和罗马军队参与博弈的收益，我们借助一个简单的收益矩阵进行分析。假设汉尼拔大军只有两个营的兵力，他们的收益是其攻入意大利时剩余的兵力；罗马守军的收益则是入侵者损失的兵力。双方收益矩阵如下。

罗马守军与汉尼拔大军收益矩阵

罗马守军 / 汉尼拔大军	平坦	崎岖
平坦	1，1	1，1
崎岖	0，2	2，0

借助收益矩阵我们可以看出，如果汉尼拔大军与罗马守军在崎岖之途上狭路相逢，他们在翻越山岭时损失一营，与守军交战再损失一营，那么汉尼拔将全军覆没，收益为0；而罗马守军收益为2，大获全胜。如果汉尼拔选择崎岖之途，而罗马军队却防守平坦之路，那么汉尼拔仅仅损失一个营的兵力，双方收益都是1，汉尼拔还留有一个营的兵力。

对于罗马守军而言，防守哪一条道路更具优势呢？

如果汉尼拔选择平坦之途，显然罗马守军选平坦之途要比崎岖之途更好。如果汉尼拔选择崎岖之途，毫无疑问，选择防御崎岖之途要比平坦之途好，汉尼拔大军将全军覆没。对于罗马守军而言，其中没有严格优势策略，防守平坦之途并不总是优于崎岖之途，防守崎岖之途也并不总是优于平坦之途。

那么对于汉尼拔将军而言，他应该如何选择进军路线呢？

我们应该站在汉尼拔的立场上来分析他所面对的问题。他不知道罗马军队会防守哪条路，但他很清楚，如果罗马军队防守平坦之途，他无论选择哪条路，收益都是1，攻入意大利时都只剩一个营。但是守军若选择防守崎岖之途，他选择平坦之途，他将兵力全存；如果不幸他也选崎岖之途，就会全军覆没。这样来看，似乎选择平坦之途要好些。但是，选择平坦之途入侵并不是严格优于选择崎岖之途的，只是弱优于崎岖之途。"弱优于"是什么

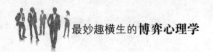

意思呢？它意味着选择平坦之途较选择崎岖之途而言，至少要同样的好，甚至还稍微好些。

对于理性的博弈参与者而言，不应采用严格劣势策略，也不应该采用弱劣势策略。这样来看，入侵者汉尼拔应该不会选择弱劣势策略，他不会选择崎岖之途，而会从平坦之途入侵。但事实上汉尼拔当初选择了翻山越岭，从崎岖之途进军。这和我们分析的弱劣势策略理论相悖，但如果换位思考一下，汉尼拔反其道而行，在军事上也算是一种出其不意的策略。不过，从博弈论的角度来看，汉尼拔将军作为博弈的参与者，显然是非理性的。

从上述事例中，我们应该了解，参与博弈时应该站在别人的立场上分析问题，这对于预测别人如何选择策略是一个不错的方法。

有时候，等待比主动出击更有效

博弈论里面有个很卡通的博弈模型，叫作"智猪博弈"。大意是这样的：假设猪圈里有一头小猪和一头大猪。猪圈的一头放有猪食槽，另一头安装着一个控制猪食供应的按钮，如果按一下按钮就会有 10 个单位的猪食进入食槽，但是谁按按钮就意味着首先付出 2 个单位的成本。如果大猪先跑到槽边，大猪和小猪吃到食物的收益比为 9：1；如果大猪和小猪同时到槽边，各自吃到食物的收益比为 7：3；如果小猪先到槽边，二者吃到食物的收益比为 6：4。在这样的情况下，假定两头猪都是有智慧的，最终结果是小猪选择等待。

由于小猪有"等待"这个优势策略，大猪只剩下了两个选择：等待就吃不到；踩踏板得到 4 份。所以"等待"就变成了大猪的劣势策略，当大猪知道小猪是不会去踩动踏板的，自己亲自去踩踏板总比不踩强，于是只好为自己的 4 份饲料不知疲倦地奔忙于踏板和食槽之间。

也就是说，无论大猪选择什么策略，选择踩踏板对小猪都是一个严格劣势策略，我们首先加以剔除。在剔除小猪踩踏板这一选择后的新博弈中，小猪只有等待一个选择，而大猪则有两个可供选择的策略。在大猪这两个可供选择的策略中，选择等待是一个严格劣势策略，我们再剔除新博弈中大猪的严格劣势策略等待。剩下的新博弈中只有小猪等待、大猪踩踏板这一个可供选择的策略，这就是智猪博弈的最后均衡解，达到重复剔除的优势策略均衡。

用我们日常的话来讲，智猪博弈，就是一个不同期望值之间的博弈，如果各方的期望值都相同，那么结果就会像三个和尚那样僵持，如果有一方的期望值低于另一方的期望值，而且这种期望值也容易实现，那么另一方就大可以做那只坐享其成的"智猪"。

搭便车行为

欧佩克成员国的石油生产能力各不相同，沙特阿拉伯生产能力远远超过其他成员国。为了控制石油价格，欧佩克经常要求各成员国严格按照配额生产石油，但由于遵守配额规定后收益的格局不同，各成员国对待配额采取的策略也有较大差异。以沙特和科威特为例，假定欧佩克只有这两个成员国，其中沙特的石油产量配额是 400 万桶 / 天，产能是 500 万桶 / 天；科威特的石油产量配额是 100 万桶 / 天，产能是 200 万桶 / 天。

基于双方的不同选择，投入市场的总产量可能是 500 万桶、

600万桶或700万桶，假定其相应的边际利润（每桶价格减去每桶生产成本）分别为16美元、12美元和8美元，那么沙特和科威特对于是否遵守配额的不同策略将取得不同的边际收益，双方收益矩阵如下。

沙特和科威特边际收益矩阵

沙特／科威特	100万桶／天	200万桶／天
400万桶／天	6400，1600	4800，2400
500万桶／天	6000，1200	4000，1600

在沙特和科威特都遵守配额的情况下，总体收益最大：每天8000万美元，沙特6400万美元，科威特1600万美元，欧佩克控制石油市场价格的意图得到实现，其他会员国都会从中获益。在双方都作弊的情况下，总体收益最小：每天5600万美元，沙特4000万美元，科威特1600万美元，欧佩克的市场垄断行为失败，其他会员国跟风而上，石油价格下跌。

通过收益矩阵我们还可以看出，科威特出于纯粹的自利目的，作弊是它的优势策略，即不管沙特是否遵守石油生产配额，它作弊的收益均大于或等于1600万美元。而沙特阿拉伯的优势策略则是遵守合作协议，每天生产400万桶。所以沙特阿拉伯一定会遵守协议，哪怕科威特作弊也一样。

沙特遵守协议并不是体现什么大国责任，而是它的产量占欧佩克产量的份额较大，遵守配额能使石油的市场投放量维持在一个较低的水平上，市场价格攀升，边际收益上扬的较大部分将落入自己的腰包，牺牲一些石油产量也是合算的。

这个例子描述了"搭便车"的一种途径：找出一个心甘情愿踩踏板的"大猪"，让它去来回奔波，并容忍其他"小猪"作弊。

在许多国家内部，一个大政党和一个或多个小政党必须组成一个联合政府。大政党一般愿意扮演负责合作的一方，委曲求全，确保联盟不会瓦解；而小政党则坚持它们自己的特殊要求，选择通常可能偏向极端的道路。

在国际政治中，正如哈佛大学著名校友亨利·基辛格在《大外交》中所指出的那样：几乎是某种自然定律，每个世纪似乎总会出现一个有实力、有意志且有知识与道德动力，希图根据其本身的价值观来塑造整个国际体系的国家。而这样的国家，也就责无旁贷地担当起国际事务中的"大猪"角色。比如，17世纪到18世纪的法国和英国，19世纪梅特涅领导下的奥地利，以及随后俾斯麦主政下的德国，而到了20世纪，最能左右国际关系的国家则非美国莫属。没有其他任何一个国家能够像美国一样，如此一厢情愿地认定自己负有在全球推广其价值观的责任，因而也没有任何国家对海外事务的介入达到像美国如此高的程度，并且在防务联盟开支中如此自愿地承担一个不恰当比例的份额，大大便宜了西欧和日本。美国经济学家曼库尔·奥尔森将这一现象称为"小国对大国的剥削"。

在社会生活的其他领域也是如此。在一个股份公司当中，股东承担着监督经理的职能，但是大小股东从监督中获得的收益大小不一样。在监督成本相同的情况下，大股东从监督中获得的收益明显大于小股东。因此，小股东往往不会像大股东那样去监督经理人员，而大股东也明确无误地知道不监督是小股东的优势策略，知道小股东会搭大股东的便车，但是大股东别无选择。大股东选择监督经理的责任、独自承担监督成本，是在小股东占优选择的前提下必须选择的最优策略。这样一来，与智猪博弈一样，从每股的净收益来看，小股东要大于大股东。

这样的客观事实就为那些"小猪"提供了一个十分有用的成长方式，那就是"借"。

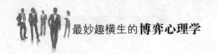

炒作与媒体

媒体的神奇力量大家有目共睹，《超级女声》《快乐男声》《中国好声音》《中国达人秀》《非诚勿扰》，等等，媒体成就了一个又一个平民明星。而从博弈的角度来讲，借助媒体进行炒作无疑是一条弱势变强势的智猪博弈策略，无数的"小猪"借助媒体这一"大猪"的力量成就了自己。

这个时代是一个炒作的时代，炒名人、炒影视、炒书籍、炒楼盘、炒股票、炒古董、炒汽车、炒足球……它给人的感觉是天下万物就像炒花生、炒瓜子那样，莫不能炒。

脑白金广告是大家都熟悉的，而它炒作的功夫更是让人叫绝。

很多人认为脑白金广告制作粗糙、表情庸俗，几个卡通人物以夸张的表情，反复唱"送礼还送脑白金"，让人忍无可忍。甚至在某刊物评出的最恶俗烦人的广告中，脑白金广告高居首位。

然而，犹如臭豆腐闻着臭吃着香的悖论一样，脑白金卖得特别好，广告"滥"产品却卖得好，为何？

尽管当电视机里一响起麻雀闹窝似的"今年过节不收礼，收礼还收脑白金"时，大多数人就条件反射地调转节目频道。可当人们走进商品琳琅满目的大商场，迷茫于给亲戚朋友送什么礼时，同样条件反射地想起了这几乎把所有人脑袋撑破的广告词。送礼，不送脑白金送什么呢？

这是一个依靠传媒发财的年代，媒体能够利用鸡毛蒜皮的琐事制造出成千上万个明星，自然也能制造出无数的明星企业和企业家。所以，如果我们要想迅速走向成功，就必须具有借助媒体进行炒作的智猪博弈智慧，紧跟时代的步伐，制造一些热点事件、热点人物、创造新奇概念，挖掘提炼新闻，继而引起媒体的注意，进行炒作，吸引人们的注意力，从而借助媒体的力量于淡中生奇。

你能给对方的利益是什么

我们知道，情绪会影响一个人的博弈策略，很多人在面对对手或敌人的时候，并不是理性的，通常采取的态度是针锋相对，绝不退缩。但明智的博弈参与者会站在更大的博弈中去斟酌策略：站到对手的身边，把对手变成自己的朋友，从而实现双赢。

一个牧场主和一个猎户比邻而居，牧场主养了许多羊，而他的邻居却在院子里养了一群凶猛的猎狗。这些猎狗经常跳过栅栏，袭击牧场里的小羊羔。牧场主几次请猎户把狗关好，但猎户不以为然，只是口头上答应。没过几天，他家的猎狗又跳进牧场横冲直撞，小羊羔深受其害。牧场主再也坐不住了，于是到当地的法院控告猎户，要求猎户赔偿其损失。

听了他的控诉，法官说："我可以处罚那个猎户，也可以发布法令让他把狗锁起来，但这样一来你就失去了一个朋友，多了一个敌人。你是愿意和敌人做邻居，还是和朋友做邻居？"

牧场主说："当然是和朋友做邻居。"

"那好，我给你出个主意。按我说的去做，不但可以保证你的羊群不再受骚扰，还会为你赢得一个友好的邻居。"法官如此这般交代一番，牧场主暗暗称好。

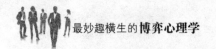

回到家，牧场主就按法官的策略挑选了 3 只非常可爱的小羊羔，送给猎户的 3 个儿子。看到洁白温顺的小羊，孩子们如获至宝，每天放学都要在院子里和小羊羔玩耍嬉戏。因为怕猎狗伤害到儿子们的小羊，猎户做了个大铁笼，把狗结结实实地锁了起来。从此，牧场主的羊群再也没有受到骚扰，两家的关系也一直非常和睦。

在生活中与人发生冲突是难免的，在职场和商场中更会经常遇到类似情况。在这些对手中，有些也许的确是蓄意阻挡你的前进道路，但大多同你一样，只不过是为了追求自身的利益罢了。因为理性的人都明白，挡住别人的去路，实际上也有碍自己的前进。面对这种情况，就应该调整自己的姿态，避免因为针锋相对而两败俱伤，应该争取将对手变成朋友，甚至联手找到一条能让双方共同前进的道路。

Real Networks 公司曾于 2003 年 12 月向美国联邦法院提起诉讼，指控微软滥用在 Windows 上的垄断地位，限制 PC 厂商预装其他媒体播放软件，并且无论 Windows 用户是否愿意，都强迫他们使用绑定的媒体播放器软件。Real Networks 要求获得 10 亿美元的赔偿。

然而，事情的发展出人意料，在官司还未结束时，Real Networks 公司的首席执行官格拉塞致电比尔·盖茨，希望得到微软的技术支持，以使自己的音乐文件能够在网络和便携设备上播放。所有人都认为比尔·盖茨一定会拒绝他，但令众人深感意外的是，比尔·盖茨对他的提议表示十分欢迎。

事后，微软与 Real Networks 公司达成了一份价值

7.61亿美元的法律和解协议。根据协议,微软同意把
Real Networks公司的Rhapsody服务加入微软的MSN搜
索、MSN信息,以及MSN音乐服务中,并且使之成为
Windows Media Player 10的一个可选服务。一场官司就这
样化解了。

人在社会上闯荡,难免会树敌,处理好与这些"敌人"的关
系很重要。多个朋友多条路,多个敌人多堵墙。一旦时机来临,
我们不妨站到敌人身边去,化敌为友,借助敌人的力量实现双赢。

第四章　囚徒困境
为什么在合作有利时保持合作也困难

在博弈论中，核心问题是用来判断人与人之间的利益关系，并做出对自己最有利的选择，它教会人们怎样变得更聪明。而在生活实践中，这个教人怎样聪明的学问却又告诫人们，做人不能太精明了，否则聪明反被聪明误，会弄巧成拙。

人人都是自私鬼

一位富翁在家中被杀，其财物也被盗。警方抓到两个犯罪嫌疑人A、B，并从他们住处搜出被害人家中丢失的财物。但他们声称自己是先发现富翁被杀，然后顺手牵羊偷了点儿东西。于是，警方将两人隔离，关在不同的房间进行审讯。

警方分别对他们说，由于你们的偷盗罪已有确凿的证据，因此可以判你们1年刑期。但是，如果你单独坦白杀人的罪行，我只判你3个月的监禁，而你的同伙要被判10年刑；如果你拒不坦白，而被同伙检举，那么你就将被判10年刑，而他只被判3个月的监禁；如果你们两人都坦白交代，那么，你们都要被判5年刑。

A、B二人这时就分别面临两种选择：坦白或者抵赖。究竟该如何做出选择呢？我们来看一下双方的收益矩阵。

通过这个表格我们可以看到，对双方而言，最好的策略显然是双方都抵赖，那样大家都只被判1年。但由于这两人已被隔离开，

A、B博弈收益矩阵

A/B	坦白	抵赖
坦白	判刑 5 年，判刑 5 年	监禁 3 个月，判刑 10 年
抵赖	判刑 10 年，监禁 3 个月	判刑 1 年，判刑 1 年

根本没有机会串供，这就增大了结果的不可预测性，或者说增大了双方合作抵赖的风险性。为了避免这种风险，对 A、B 二人而言，选择坦白交代才是最佳策略。如果同伙抵赖，自己坦白交代，那么自己只会被监禁 3 个月；如果对方坦白而自己抵赖，那自己就得坐 10 年牢，这太不划算了。因此，在这种情况下还是应该选择坦白交代，即使两人同时坦白，至多也只判 5 年，总比被判 10 年好吧。基于这些分析，选择坦白此时成了双方的最佳策略，而原本对双方都有利的策略（都抵赖）和结局（被判 1 年刑）就不会出现。

有人会认为，如果他们在接受审问之前有机会见面并好好谈清楚，那么他们一定会约好拒不认罪。但实际上这还是不可行，因为他们很快就会意识到，那个协定也不见得管用。因为一旦他们被分开，当审问开始，每个人内心深处那种出卖别人为自己换取更有利判决的冲动就会变得难以抑制。这么一来，原本对双方都有利的策略和结局还是不会出现。

这就是博弈论中经典的囚徒困境。在囚徒困境中，当参与一方采取优势策略时，无论对方采取何种策略，自己都会显示出优势。

参与者之所以会选择优势策略，当然是因为人人都有的自私心理。在面对上述情况时，每个人都会变得很理性，"理性人"都是自私的，不会信任彼此，更不会在危难的时候合作，人人都会自私地追求最大利益，结果却导致了非理性的集体，他们在各自利益的驱使下并没有得到最好的结果。

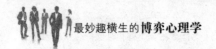

生活中有很多常见的囚徒困境，如打扫寝室卫生，到期末或者年末的时候，哈佛大学的多数寝室都又脏又乱，为什么会很脏乱呢？因为没人打扫。谁都不愿意清理吃剩的比萨、奶酪渣还有面包渣。为什么学生们不打扫呢？因为在没有统一协调的情况下，让别人去打扫是每个人最希望的结果，自己去打扫是每个人最不希望的结果。无论是基于人人都有的自私心理，还是懒惰，最后的结果往往都是无人打扫，寝室脏乱也就不足为奇了，囚徒困境也就这样形成了。

聪明反被聪明误

在博弈论中，核心问题是用来判断人与人之间的利益关系，并做出对自己最有利的选择，它教会人们怎样变得更聪明。而在生活实践中，这个教人怎样聪明的学问却又告诫人们，做人不能太精明了，否则聪明反被聪明误，会弄巧成拙。

经常乘飞机的朋友会发现，行李不翼而飞或者里面有些易损的物品遭到损坏，这些都是很麻烦的事情，为此需要向航空公司索赔。航空公司一般是根据实际价格给予赔付的，但有时某些物品的价值不容易估算，而物件又不大，那怎么办呢？

哈佛大学的两个学生艾娃和奈特莉出去旅行，她们互不认识，在同一个瓷器店各自购买了一个一模一样的瓷器。从机场出来后，她们发现自己托运行李中的瓷器损坏了，她们随即都向航空公司提出索赔。航空公司评估人员将瓷器价值估算在500美元以内，但由于艾娃和奈特莉没有价格凭证，航空公司无法确切地知道瓷器的价格，于是分别告诉艾娃和奈特莉，让她们把购买时的价格分别写下来。

　　航空公司认为，如果这两位小姐都是诚实的人，那么她们写下来的价格应该是一样的，如果不一样，那么必然有人在说谎。而说谎的人一定是为了获得更多的赔偿，所以申报价格较低的那个小姐应该相对更加可信。因此，航空公司会采用两个价格中较低的那个作为赔偿金额，同时会给予那个给出更低价格的小姐 200 美元的奖励。

　　这时，艾娃和奈特莉都想到，航空公司认为这个瓷器价值在 500 美元以内，但不低于 10 美元，如果自己给出的损失价格比另一个人低的话，就可以额外再得到 200 美元，而自己的实际损失不过是 400 美元。

　　艾娃想，航空公司不知道具体价格，那么奈特莉肯定会认为多报损失多得益，申报价格只要不超过 500 美元即可，那么最有可能报的价格就是 400 美元到 500 美元之间的某一个价格。艾娃心想自己就报 390 美元，这样航空公司肯定认为我是诚实的好姑娘，奖励我 200 美元，这样我实际就可以获得 590 美元。

　　而同样精明的奈特莉想到艾娃的心理，自然想要比艾娃填得更低，以此获得额外的奖励。

　　这样，两个人相互推测，最后导致的结果是，两个人都填了比原价更低的数目，最终填的都是 310 美元，各自拿到的也都只是她们填的那个金额，而航空公司只需要一共支付给她们 620 美元，这比她们填原价要少 180 美元。在这里，真正得利的是航空公司，而原本算计着想获得额外奖励的两个人，却是有苦说不出。

在这个事例中，艾娃和奈特莉本来可以商量好都填 500 美元，

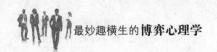

这样她们各自都可以拿到 500 美元的赔偿金，但因为互相都要算计对方，要拿得比对方多，最后搞得大家都不得益。这样的博弈结果无非两个：一是在博弈过程中，博弈双方在充分考虑自身利益的同时，也充分考虑对方的利益诉求，在相互的利益让步中走向双赢；另一种结果是博弈双方在考虑自身利益的过程中斤斤计较，算计对方，尽可能地将自身利益极大化，从而最终走向双输。

这就是哈佛大学巴罗教授提出的"旅行者困境"。一方面，它启示人们在为私利考虑的时候不要太精明，告诫人们精明不等于高明，太精明往往会坏事；另一方面，它对于理性行为假设的适用性提出了警告。

个人的自私自利是社会进步的驱动力

欧·亨利有一篇著名的短篇小说——《麦琪的礼物》。

吉姆和德拉是一对非常恩爱的夫妻，但他们非常贫穷。吉姆身上最值钱的就是一块怀表，但是穷得连一条表链都买不起；德拉有一头非常漂亮的金色秀发，却没钱买一把好梳子。圣诞节来临，这对夫妻尽管身无分文，却都想给对方悄悄准备一份礼物。

吉姆想来想去，狠下心把心爱的怀表卖掉，为心爱的人买了一把漂亮的梳子，好让妻子梳理那一头美丽的金色长发。然而，德拉为了给吉姆买一条表链，卖掉了自己的满头秀发。最终他们发现，吉姆再也不需要表链，德拉也不需要梳子，而他们最值钱的两样东西，现在都没了。

在这个故事中，夫妻双方完全不为自己着想，结果反而不如自私的好。这从另一个角度告诉我们，自私自利并不该一律否定。

有时候，只有在人们绝对自私的时候，合作才会给参与各方带来更多的利益；当人们不是出于自私的目的而合作时，不但不会得到更多利益，反而可能造成"双输"的局面。

> 哈佛大学曾经举办过一次"合作与社会两难困境研讨会"，会后两位学者亨廷顿和海耶斯提议，在座的专家一起玩一个游戏。他们拿出一个大信封，让专家每人拿出一定的现金放进去，如果最后信封里的钱超过了250美元，那么亨廷顿和海耶斯会返给每个专家10元；可是，如果信封里的钱不足250美元，信封里的钱就全归亨廷顿和海耶斯所有。
>
> 当时在场的除了亨廷顿和海耶斯共有43个人，简单计算一下就可以知道，只要每个人放入信封250/43美元，也就是不到6美元，那么每个人都可以得到10美元。可是，等到所有人都把钱放进大信封之后，亨廷顿和海耶斯数了一下，一共只有245.59美元，距离250美元只差不足5美元。

看过这个故事，很多人都会说这些专家太自私了，只要有一个人多拿出5元，所有人都会得到不错的回报。然而，事实恰恰相反，并不是这些专家太自私，而是这些专家还不够自私。

在日常生活中，人们往往将自私与贪婪、嫉妒等词语联系起来。在博弈中，理性人追求自身利益最大化，实际上就是自私。在亨廷顿和海耶斯的游戏当中，各位专家理性的选择应该是这样：如果最后信封里的钱超过了250元，自己的最优选择就是不投进一分钱，因为这样自己会得到最大利益即 10 元；如果最后信封里的钱没超过 250 元，自己的最优选择同样是不投进一分钱，因为这样可以避免任何损失；在场其他人可能也会做出同样的理性分析，所以大家都不会投钱，也就是说信封里面的金额肯定不会超过 250 元。如果各位专家足够理性、足够自私，那么信封里应该一分钱都没有。信封里面会有那么多钱，说明专家们还是愿意为增进大家的共同利益做出一些牺牲的。

或许一些伦理学家会为专家的这次合作感到高兴，但是对于损失利益的专家们来说就没有任何喜悦可言了。当个体没有从理性的角度来考虑该不该合作时，合作注定是会失败的。合作的基础并不是人们愿意在合作中牺牲什么，而是人们希望从合作中得到什么。人们因为追求自己的利益参与到一场合作当中，这样的合作才是稳定的、可靠的。专家之间的合作其实根本就不应该存在，因为这样的合作给每个人带来的是损失而不是利益。下面我们来看一个例子。

从前，两位旅行者遇见了一位圣者。圣者受到两人的热心照顾，十分感动，在将要离别时对两个人说："很遗憾，我就要和你们道别了。分手前，我要送给你们一个礼物。礼物就是你们当中一个人先许愿，他的愿望一定会马上实现；而第二个人可以得到那个愿望的两倍！"此时，一个旅行者心里想：太棒了，我知道我想要许什么愿，但我先不讲，先许愿自己就吃亏了，因为对方可以实现双倍的愿望。而另外一个旅行者也自忖：我不想让他实现双倍的愿望。于是，两位旅行者"客气"起来："你先讲嘛！""你年长先许愿吧。""不，应该你先！"终于，一个人生气了，大声说："你真是不知好歹，再不许愿，我就把你的狗腿打断！"另外一个人听了也很生气，没想到对方居然恐吓自己！于是想，我得不到的东西，你也休想得到！这人心一横，狠心说："好，我先许愿！我希望我的一只眼睛瞎掉！"很快，这位旅行者的一只眼睛瞎了，而他的同伴两只眼睛都瞎掉了！

对这两位旅行者来说，最好的选择就是采取合作的策略，虽然这样对方会获得两倍的利益，但自己同样也会获得不错的利益。然而双方最终没有合作，主要是因为这两个人还不够自私，他们总是会想到对方将获得更多的利益，可是他们没有明白的是，如果对方的利益与自己的利益没有冲突，我们就应该安然接受。

也许你会觉得以上提到的这些与我们的日常经验相悖，但事实的确如此。人类合作的基石是人类的自私，因为人们都想得到自己的利益。而那些不自私的合作是不理性的，甚至会给合作双方带来损失。由于人类不能总是自私地看待合作，因此才会走向"双输"的局面。只有在人们绝对自私的时候，合作才会给参与各方带来更多的利益，从而推动社会的进步。

无法交流时，找出共同规则

杰克与凯文是石器时代的狩猎者。他们在一次交流狩猎的信息和想法时，都意识到，若他们合作，就能猎到比野兔更大的猎物，比如雄鹿和野牛。这样，每天猎到的雄鹿或野牛肉可以达到每人每天猎到的野兔肉的 8 倍。合作意味着巨大的利益：每个猎人从大猎物捕猎中分得的肉相当于单独猎到野兔肉的 4 倍。

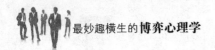

两人一致同意第二天一起捕猎大猎物。但各自回去之后，兴奋之余，他们竟然都忘了是决定猎雄鹿还是猎野牛，而这两种动物的捕猎地点恰好方向相反。那时没有手机，而且他们也不是邻居，因此不可能很快去拜访对方来确认该去哪边。第二天早上，他们必须独立地做出决定。

因此，两人最终要进行一场决定去哪个方向的同时行动博弈。如果我们把每人每天猎到的野兔肉数量定为1，那么，每人从成功捕杀大猎物的合作中分得的雄鹿或野牛肉将是4。该博弈的收益矩阵如下图所示。

杰克与凯文的收益矩阵

杰克／凯文	雄鹿	野牛	野兔
野牛	0, 0	4, 4	0, 1
野兔	1, 0	1, 0	1, 1
雄鹿	4, 4	0, 0	0, 1

这个博弈与囚徒困境存在多方面差异，我们重点看一个区别。杰克的最佳选择取决于凯文的行动，反之，凯文的最佳选择也取决于杰克的行动。显然，对任何一个参与者来说，都不存在这样的优势策略：不论对方如何行动，这个策略总是最佳的。所以，这个博弈不是囚徒困境。因此，每个参与者不得不考虑另一个参与者的选择，然后根据对方的选择，找出自己的最佳选择。

杰克想："如果凯文去了雄鹿所在地，那么，我要是也去那里，就能分到大猎物，而我要是去了野牛所在地就什么也得不到。如果凯文去了野牛所在地，情况就正好相反了。与其冒到了其中一个地方发现凯文去了另一个地方的风险，我是不是该去猎野兔以确保虽然少但正常的肉量？换句话说，我该不该放弃有风险的

4或者0，而确保得到1呢？这取决于我认为凯文可能怎么做，同样，他肯定也正在想我可能怎么做，而且正设想他处于我的位置。这个我认为他认为的循环有没有尽头呢？"

用纳什均衡的理论来分析这个博弈，很容易就能找到该博弈中的最优反应。

从表中可以看出，该博弈有三个纳什均衡解，即（4，4）、（4，4）、（1，1）。杰克应当做出与他认为的凯文的选择相同的选择，但哪一个解将成为最终结果呢？或者，这两个人会不会根本达不到任何一个均衡？纳什均衡思想本身给不出答案，我们需要进行一些额外的、不同的考虑。

如果杰克和凯文曾经在他们共同的朋友的雄鹿聚会上见过面，他们就会认为选择雄鹿更加重要。如果他们的社会习惯是，一家之主当天准备出去狩猎时，在告别时要大声喊"再见，儿子"，那么选择野牛就可能成为首要的；但如果社会习惯是，告别时家人对他说"注意安全"，那么，不论对方如何选择，他的首要选择可能是确保一定肉量的比较安全的做法，即猎野兔。

策略构成了"首要选择"，比如某个策略，在杰克看来可能是首要的，但这一点并不足以促使他做出这个选择。他必须自问，同样的策略对于凯文而言是不是首要的。反过来，凯文也会想，它对于杰克而言是不是首要的。在多个纳什均衡解中进行选择时，需要解决类似的"我认为他认为"问题。

要解开这个循环，"首要选择"必须是一个多层次的、反复的概念。对于两人独立的思考和行动，成功选择出的均衡必须是对杰克而言很显然有利，对凯文来说很显然有利，对杰克来说很显然有利……在不断的重复判断中得到恰当的选择。如果一个均衡以这种方式在无穷层次上都很显然，即参与者的期望都会合于

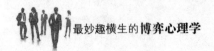

这个均衡，我们就称其为聚焦点。聚焦点概念的提出正是托马斯·谢林对博弈论的诸多开创性贡献之一。

博弈是否有聚焦点取决于许多情况，包括参与者们重大的共同经验，这可以是经验的，也可以是历史的、文化的、语言的，或者纯粹偶然的。

假设你被告知要于某天在纽约市会见一个人，但未被告知具体时间和地点，你甚至不知道要见的那个人是谁，所以不可能提前与他取得联系（但你知道见面后如何认出对方）；你还被告知对方得到的指示相同。

你成功的机会看起来可能十分渺茫，纽约市太大了，而且一天的时间也很长。但实际上出人意料的是，处于这种情形的人们通常能够成功会面。时间的确定很简单：正午是个明显的聚焦点，两个人的期望几乎是本能地会合于这一点。地点的确定要困难一些，但恰好存在几个标志性的地点，可以使两个人的期望会合在一起。这大大缩小了选择范围，增加了成功会面的可能性。由于电影《西雅图未眠夜》的影响，许多人会认为帝国大厦是聚焦点，而另有一些人会认为泰晤士广场明显是"世界的中心"。

会面博弈的灵活性不仅在于两个参与者可以找到对方，还在于聚焦点最终与很多策略互动有关。

最重要的会面博弈可能是股票市场。在股票市场上，每个投资者都想购买价格在未来会上升的股票，这意味着，大部分投资者认为价格会上升的股票一定会升值。有多种原因可以解释为什么不同时期的热门股票不同——包括最初公开发售时的良好宣传、知名分析家的建议，等等。

由社会中相互影响的人们参与的博弈的结果，应当取决于博弈的社会和心理的共同方面。

双赢的合作会持续下去吗

某部落有两个出色的猎人，某一天他们狩猎的时候，看到一头鹿。两人商量，只要守住鹿可能逃跑的两个路口，它就会无路可逃。如果他们齐心协力，鹿就会成为他们的盘中餐，不过只要其中有任何一人放弃围捕，鹿就会逃跑。

正当两个猎人围捕鹿的时候，在两个路口都跑过一群兔子，如果猎人去抓兔子，会抓住4只兔子。从维持生存的角度来看，4只兔子可以供一个人吃4天，1只鹿两人均分后可供每人吃10天。这里不妨假设两个猎人叫A和B。

这一猎鹿博弈的模型，出自法国启蒙思想家卢梭的著作《论人类不平等的起源和基础》，该书论述合作能够带来收益，并且合作相对于公平更能实现利益最大化。

为了更好地阐释A、B双方的策略选择与收益的对应关系，我们借助一个利益矩阵加以说明。

猎鹿博弈利益矩阵

猎人 A/ 猎人 B	猎鹿	猎兔
猎鹿	10, 10	0, 4
猎兔	4, 0	4, 4

从A与B的利益矩阵中可以看出，两人分别猎兔子，每人得4；合作猎鹿，每人得10。这一博弈也出现了两个纳什均衡：要么分别猎兔子，每人吃饱4天；要么合作，每人吃饱10天。

两个纳什均衡，就是两个可能的结局。两种结局到底哪个最终发生，则无法用纳什均衡本身来确定。比较（10，10）和（4，

4）两个纳什均衡，我们只看到一个明显的事实，那就是两人一起去猎鹿，比各自抓兔子每人可以多吃6天。按照经济学的说法，合作猎鹿的纳什均衡比分别抓兔子的纳什均衡具有帕累托优势。

在这里我们需要解释一下帕累托效率。在经济学中，帕累托效率准则是：经济的效率体现于配置社会资源以改善人们的境况，主要看资源是否已经被充分利用。如果资源已经被充分利用，要想再改善我就必须损害你或别的什么人的利益，要想再改善你就必须损害另外某个人的利益。一句话简单概括，要想再改善任何人都必须损害别人的利益，这时候就说一个经济已经实现了帕累托效率最优。相反，如果还可以在不损害别人的情况下改善任何人，就认为经济资源尚未充分利用，就不能说已经达到帕累托效率最优。

与（4，4）相比，（10，10）不仅有整体福利改进，而且每个人都得到改进。换一种更加严密的说法就是，（10，10）与（4，4）相比，其中一方收益增大，而其他各方的收益都不受损害。（10，10）对于（4，4）具有帕累托优势的关键在于每个人都得到改善。

猎鹿博弈关注的是在合作中双方如何争取自己的最大化利益，那么在彼此竞争的情况下这种合作是如何维持下去的或者是如何破裂的？

如果猎人A的能力强一点，他一次可以狩猎到10只兔子，而猎人B只能捕到3只兔子，那么合作后两个人如果平分鹿，合作就会破裂。因为对于猎人A来说，无论合作与否，他得到的利益都一样，参与合作并不能让他的利益有所提高，所以他会毫不犹豫地退出合作，两个人的第一次合作也就会破裂。

对猎人B来说，合作对他有利，所以猎人B一定会积极地促成下一次合作，因为他考虑到只要自己获得3以上的利益，合作对自己就是有利的，所以他会向猎人A提出3：1或者4：1的分配比例，这两种分配A会获得15或16的利益，而B只能获得5或4的利益，但是相对于B自己捕猎来说，B的利益已有所提高。猎人A也会考虑到合作的利益比自己一个人获得的利益多，因而同意继续合作。

合作可以让博弈双方获得比不合作更多的利益，但除非遇到双方"不合作即死亡"的情况，只要双方并不依靠合作存活，参与合作的双方肯定会因为利益纠葛而随时改变自己的决策，适时地参与合作或者退出合作。

下面有一个分橙子的故事。

两个孩子得到了一个橙子，但是为如何分这个橙子争执起来。最终两人达成一致意见：由一个孩子负责切橙子，而另一个孩子先选橙子。结果，两个孩子各自取了一半橙子，高高兴兴回家了。第一个孩子回到家，把果肉放到榨汁机里打果汁喝，把皮剥掉扔进垃圾桶；另一个孩子却把果肉挖出扔掉，把橙子皮留下来磨碎，混在面粉里烤蛋糕吃。

从上面的情形我们可以看出，虽然两个孩子各自拿到一半橙子，获得了看似公平的分配，可是他们得到的东西并没有物尽其用，双方都没有得到最大的利益。这说明，他们在事先并未做好沟通，没有申明各自的利益所在，从而导致了双方盲目追求形式上和立场上的公平，结果双方各自的利益并未达到最大化。

在现实生活中，很多"橙子"也是这样被分配和消耗掉的。人们争执并且因此造成两败俱伤的根本原因之一，就是各方的行

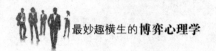

动策略都是相互独立的，缺乏协调而失去了很多共赢的机会。

试想，如果两个孩子充分交流各自所需，或许会有多种解决方案。可能的一种情况，就是想办法将皮和果肉分开，一个拿到果肉去榨果汁，另一个拿果皮去烤蛋糕。

然而，经过沟通也可能出现另外一种情况，有一个孩子既想做蛋糕，又想喝果汁。这时，通过合作创造价值的机会就出现了。那个想要整个橙子的孩子提议将其他问题拿出来一块儿谈，他说："如果把整个橙子全给我，你上次欠我的棒棒糖就不用还了。"其实呢，他的牙齿蛀得一塌糊涂，他父母上星期就不让他吃糖了。另一个孩子也很快就答应了，因为他刚从父母那里要了5元钱，准备买糖还债。如此决定他就可以用这5元钱去打游戏了，才不在乎这酸溜溜的橙子呢。

双赢的可能性是存在的，而且人们可以通过沟通合作达成这一局面，合作是促成利益最大化的有力武器。如果对方的行动有可能使自己受到损失，应在保证基本利益的前提下尽量降低风险，与对方合作，从而得到最大化的收益。

为什么人越多干活效率却越低

我们常说人多好办事，人多力量大，看起来人多是快速完成任务的有利条件。但是现实生活中并非如此，常常多人办事效率反而更低。为什么人越多干活效率却越低呢？

有这样一个案例。

> 1964年，纽约发生一起谋杀案，一位酒吧的女经理在
> 公园附近被杀害，而当时附近的住户中有38人看到女经

理被杀的情形或听到她的呼救声，但是却没有一个人挺身而出。事后，媒体纷纷谴责人们的冷漠。这种现象从心理学上讲，叫作"旁观者效应"，即在紧急情况发生时，当有其他目击者在场，人们的责任感就会削弱，成为袖手旁观的看客。

在这种心理效应的影响下，随着目击者人数的增加，人们的责任心是递减的。这样的心理往往会使人变得懒散和麻木，甚至当看到有人遇到危险，需要帮助的时候，因为有很多旁观者在身边，而产生"我不去救，让别人去救"的心理，谁都不愿伸出援助之手，最终造成见死不救"集体冷漠"的局面。

中国有个老故事。

在一个山头上有座小庙，里面住着一个小和尚。他每天念经、挑水、敲木鱼，给案桌上观音菩萨的净水瓶里添水，夜里防止老鼠来偷吃东西，生活过得非常自在。不久以后，有一个长和尚来到这里，并住了下来。他一到庙里，就把半缸水喝光了。小和尚让长和尚去挑水，但是长和尚觉得自己一个人挑水有些吃亏，就要求小和尚和他一起去抬水，两个人只能抬一只水桶，为了公平起见，水桶必须放在扁担的中央，这样两人才觉得心理平衡。这样总算还有水喝。

后来，又来了个胖和尚。他也想喝水，但缸里没水。小和尚和长和尚叫他自己去挑，胖和尚挑来一担水，立刻独自喝光了。从此，谁也不挑水，三个和尚就没水喝。大家各念各的经，各敲各的木鱼，观音菩萨面前的净水瓶也因为没人添水，花草渐渐枯萎了。夜里老鼠出来偷东西，

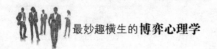

他们三个都看到了，但是谁也不管。结果老鼠猖獗，打翻烛台，燃起大火。三个和尚这才一起奋力救火，扑灭了大火，他们也觉醒了。从此，三个和尚齐心协力，自然也就有水喝了。

一个和尚挑水喝，两个和尚抬水喝，三个和尚没水喝，这个寓言告诉我们，人少能办事，人多反而办不成事。三个和尚为什么没水喝？因为三个和尚都不想出力，都想依赖别人，在取水的问题上互相推诿，结果谁也不去取水，以致大家都没水喝。

在群体中，人们普遍存在着一种"责任分散"心理，即随着责任人数量的增多，责任人的责任感就会相对降低，因为他们会觉得，反正也不是自己一个人承担，自己完全没有必要干得那么起劲。于是在相互推诿之下，谁都不努力，结果严重影响办事的效率。甚至因为缺乏责任感，导致悲惨事情发生。

在具体的工作中，如果个体产生这种心理，则会使工作的效率下降。对于某一件事来说，如果是单独个体被要求独自完成，其责任感就会很强，会做出努力完成任务的反应，因为一个人干活，干好干坏责任都要自己的承担，人们往往会竭尽全力；但如果要求一个群体共同完成任务，群体中的每个个体的责任感就会明显减弱，面对困难或者遇到责任往往就会退缩，而且还容易出现偷懒现象，总以为自己可以不出力或者少出力，并指望靠别人的努力得到好处。

在这样的心理的影响下，人多效率高的规则就会被改写，因为干活的人越多，其效率却不一定越高，这时候可能会出现"1+1<2"的结果。

因此，我们不能简单地根据人数的多少来计算效率。两个人

挖一条水沟需要两天，四个人合作却不一定能够一天完成，可能
是两天，也可能永远完成不了。这也告诉我们，在具体的实践中，
要善于组织管理，对有关人员加以约束，将责任切实落到实处，
这样就会减少群体中某些个体不负责任的行为，提高整体的工作
效率，避免人多反而办不成事的不良现象。

第五章　协和谬误
为什么我们会受沉没成本的影响

从理性的角度来说，沉没成本不应该影响我们的决策，然而，我们常常由于想挽回沉没成本而做出很多不理性的行为，从而陷入欲罢不能的泥潭，而且越陷越深。人们常常会陷入沉没成本误区，然而，我们也可以巧妙地利用沉没成本谬误。沉没成本的存在常常会造成很多欲罢不能的困境，但是碰到一些不理性的放弃冲动时，沉没成本又可以把你往理性的方向拉一把，这时候它可以使人们的行为更加有目的性。

鳄鱼法则：牺牲一只脚，保住自己

茫茫草原上，正在上演这样一出故事。

为了争夺被狮子吃剩的一头野牛的残骸，一群狼和一群鬣狗发生了冲突。尽管鬣狗死伤惨重，但由于数量比狼多得多，也咬死了很多狼。最后，只剩下一只狼王与5只鬣狗对峙。显然，双方力量相差悬殊，更何况狼王还在混战中被咬伤了一条后腿。那条拖在地上的后腿成为狼王无法摆脱的负担。

鬣狗还在一步一步靠近，突然，狼王回头一口咬断了自己的伤腿，然后向离自己最近的那只鬣狗猛扑过去，以迅雷不及掩耳之势咬断了它的喉咙。其他4只鬣狗被狼王的举动吓呆了，都站在原地不敢向前。终于，4 只鬣狗拖着疲惫的身体一步一摇地离开了怒目而视的狼王。

故事中，面对危险境地，那只狼王懂得牺牲一条腿来保全生命，这是一个十分无奈但是也十分聪明的选择。可是，很多比狼更为高级的人，却往往因为没有这样的勇气和智慧而落入"鳄鱼法则"的陷阱。

鳄鱼法则说的是假若一只鳄鱼咬住你的脚，而你用手去试图挣脱，鳄鱼便会同时咬住你的脚与手。你愈挣扎，鳄鱼便愈咬得紧。实际上，明智的做法应该是：一旦鳄鱼咬住了你的脚，唯一的办法就是牺牲那一只脚。"鳄鱼法则"在博弈中有一个对应的专业名词——协和谬误，即在博弈中，为了赢得全局的胜利，我们必须有壮士断臂的勇气和豪迈。

为了避免更多的损失而做出的放弃自然是很痛苦的，但能因此而保全性命。美国通用电气公司的前 CEO 杰克·韦尔奇曾经把许多业绩不在业界前两名的事业部门关闭，这些都是痛苦的决定，但是为了整体的利益，他当机立断，拿出勇气和魄力来进行壮士断臂式的放弃。不过很多人在生活中会下意识地"把手伸进鳄鱼嘴里"，他们无法放弃或停止已经失去价值的事情。

要避免"鳄鱼法则"的陷阱，除了上面所讲的一些决策方面的知识，还有一样东西是十分重要的，那就是勇气。要有勇气在一些事情变得不可接受之前，及时放弃它。

将帽子扔过墙去，让自己别无选择

当你在一堵高墙前犹豫不决时，不妨先把帽子扔过墙去。将

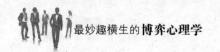

帽子扔过墙去，就意味着你别无选择，为了找回帽子，你必须翻越这堵高墙，毫无退路可言。正是面临这种无退路的境地时，人们才会集中精力奋勇向前。不给自己留退路，从某种意义上讲，也是给自己一个向目标冲锋的机会。

罗斯曼是一位来自德国的移民，刚到迈阿密的时候，为了糊口，他给人拿行李、发传单、洗盘子、扮招徕顾客的小丑以及活雕塑……后来，他在一家酒吧做侍应生时，看见报纸上一家公司的招聘启事。他权衡了一下，就去应聘。

他过关斩将，眼看就要得到那份年薪几万美元的职位了，这时经理问他："你有车吗？你会开车吗？我们这份工作要时常外出，没有车寸步难行。"

美国是车轮上的国家，公民普遍都有私家车，没车的人寥寥无几。但罗斯曼刚到美国不久，哪里有钱买车学车呢？但他不愿意浪费这次机会和自己为之付出的努力，定了定神后马上回答："我有！我会！"

经理说："那好吧，你被录取了。四天后，开车来上班。"

他非常珍惜这个机会，费尽千辛万苦从一位朋友那里借了几千美元，在旧车市场淘了一辆二手车。第一天他跟朋友学简单的驾驶技术，第二天在一块大草坪上摸索练习，第三天歪歪斜斜地开着车上了公路，到了第四天，他居然驾车去公司报到了。现在，他已是这家公司的人事主管了。

罗斯曼虽然没有车，也不会开车，但仍然回答经理"我有！我会"，这显然是他进行利益权衡后所选择的策略。因为他已经为这份工作付出了大量的努力，而且这份工作的薪水对他来说非常有吸引力。他正确地计算了自己为之付出的成本，以及得到工作之后的收益，更重要的是他明白自己到底想要什么。

正如我们前面所说，先将帽子扔过墙，就是故意给自己制造沉没成本，从而强迫自己成功。但选择先将帽子扔过墙的策略，必须是理性权衡之后的结果，确定自己翻过墙之后的收益大于"扔帽子"造成的沉没成本。

从理性的角度来说，沉没成本不应该影响我们的决策，然而，我们常常由于想挽回沉没成本而做出很多不理性的行为，从而陷入欲罢不能的泥潭，而且越陷越深。

人们常常会陷入沉没成本误区，然而，我们也可以巧妙地利用沉没成本谬误。沉没成本的存在常会造成很多欲罢不能的困境，但是碰到一些不理性的放弃冲动时，沉没成本又可以把你往理性的方向拉一把，这时候它可以使人们的行为更加有目的性。罗斯曼就是成功地利用了沉没成本，从而强迫自己成功。

1 美元拍卖：别再计较付出的成本

1971 年，美国博弈论专家苏比克在一篇论文中，讨论了"美元拍卖"。苏比克在报告中说："这个博弈的实验证明，可以以远远多于 1 美元的价格'卖出' 1 张 1 美元纸币，总的支付在 3～5 美元之间是极其普通的事。"

在这个博弈中，1 美元就是一个明显的诱饵。开始时，大家都想以廉价而容易的方式去赢得它，希望自己所出的价码是最后的价码，大家都这么想，就不断地互相竞价。

当进行一段时间后，也就是出价相当高时，相持不下的两人

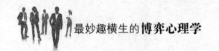

都发现自己掉进了一个陷阱中，但已不能全身而退，他们都已投资了相当多，只有再增加投资以期挣脱困境。

当出价等于奖金时，竞争者开始感到焦虑、不安，发现自己的"愚蠢"，但已身不由己。

当出价高过奖金时，不管自己再怎么努力都是"损失者"，不过，为了挽回面子或处罚对方，他不惜再抬高价码，好让"对手损失得更惨重"。

人生到处有陷阱。在日常生活里，大至商场上的竞争，小至等候公交车，都有陷阱在等待着你。

譬如公交车平常是 15 分钟一班，当我们花在等待的时间超过 10 分钟后，我们会开始烦躁不安，但通常你会继续等下去，等到超过 15 分钟公车还不来时，我们除了咒骂，也开始感到后悔——我们应该在 15 分钟前就走路或坐计程车去的。

但通常你还会继续等下去，因为你已投资了那么多的时间，不甘心现在改坐计程车，结果就越陷越深，无法自拔，直到公车姗姗来迟，你心里的困境才获得解脱。

但人生有很多目标，并不像公交车那样必定会来临，而且投资的也不是你个人的时间而已。如何避免进入这类陷阱，也是一门不小的学问，心理学家鲁宾的建议如下。

（1）确立你投入的极限及预先的约定：譬如投资多少钱或多少时间？

（2）极限一经确立，就要坚持到底：譬如邀约异性，自我约定"一次拒绝就放弃"，不可以改为"五次里面有三次拒绝才放弃"。

（3）自己打定主意，不必看别人：事实证明，两个陌生人在一起等公车，"脱身"的机会就大为减少，因为"别人也在等"。

（4）提醒自己继续投入要付出的代价。

（5）保持警觉。

霍布森选择：没有选择的“选择”

1631 年，英国剑桥商人霍布森从事马匹生意时。他说，所有人买我的马或者租我的马，价格绝对便宜，并且你们可以随便挑选。霍布森的马圈很大，马匹很多，然而马圈只有一个小门，高头大马出不去，能出来的都是瘦马、小马。买马的人左挑右选，最终选的不是瘦的，就是小的。霍布森允许人们随便挑选，但只能一个出口。大家挑来挑去，自以为完成了满意的选择，最后的结果可想而知——只是一个低级的决策结果，其实质是小选择、假选择、形式主义的选择。

可以看出，这种选择是在有限的空间里进行着有限的选择，无论你如何思考、评估与甄别，最终得到的还是一匹劣马。管理学家西蒙把没有选择余地的选择讯讽为“霍布森选择”。霍布森选择是一个小选择，一个假选择。

霍布森选择一直在我们的生活中存在着。虽然从理论上说人们总是有许许多多的选择，但因某些限制的存在，减少了人们选择的范围，甚至只允许人们有一种选择。所谓的自由选择总是或多或少地受到限制和约束，使得选择的范围大大缩小。

比如，对于一个自由的大学生来说，他毕业后可以工作，可以攻读研究生，可以出国留学，可以成为自由职业者。但是，真实的选择并不是这么回事：因为囊中羞涩，出国留学的选择其实已经名存实亡；因为英语基础差，通过考研英语分数线的可能性很低，这无疑又使读研成为弃选项；因为家里强烈反对他做自由职业者，于是必须得放弃这项选择……残酷的现实给选择套上了枷锁，因此他必须在毕业后寻找一份正式的工作。

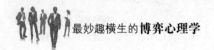

社会心理学家指出，一个人如果陷入霍布森选择的困境，就无法进行创造性的工作、学习和生活。道理很简单，在霍布森选择中，人们自以为做出了抉择，而实际上其思维和选择的范围都是很小的。有了这种思维的限制，当然就减少了自己主观能动性发挥的空间，也就不会产生创新。从这个意义上讲，霍布森选择其实是一个陷阱，让人们在进行伪选择的过程中自我陶醉，进而丧失自主创新的机会和动力。

情绪影响决策

我们先来听这样一个故事。

在巴黎的某天深夜，两位来自哈佛的经济学教授在结束学术会议之后，找了一辆出租车，告诉司机该怎么去酒店。司机立刻认出他们是美国观光客，于是拒绝打表，却声称自己热爱美国，许诺会给他们一个低于打表金额的价钱。自然，两位教授对这样的许诺有点怀疑。在他们表示愿意按照打表金额付钱的前提下，这个陌生的司机为什么还要提出这么一个奇怪的少收一点儿的许诺？他们怎么才能知道自己没有多付车钱？

另一方面，除了答应按照打表金额付钱，两位教授并没有许诺再向司机支付其他报酬。假如他们打算此时和司机讨价还价，而这场谈判又破裂了，那么他们就不得不另找一辆出租车。但是，一旦他们到达酒店，他们讨价还价的地位将会大大改善。何况，此时此刻再找一辆出租车实在不易。

他们坐车到达酒店后，司机要求他们支付15法郎（相当于3.3美元）。谁知道什么样的价钱才是合理的呢？因为在巴黎讨价还价非常普遍，所以两个经济学家还价10法郎。司机非常生气，他嚷嚷着说从那边来到酒店，这点钱根本不够用。他不等美国人说话就用自动装置锁死了全部车门，按照原路没命地开车往回走，一路上完全无视交通灯和行人。

司机开车回到出发点，非常粗暴地把两位教授赶出车外，一边大叫："现在你们自己去看你们那10法郎能走多远吧！"

两位教授无奈地耸了耸肩，只好又找了一辆出租车。这名司机开始打表，跳到10法郎的时候，他们也回到了酒店。

两位教授确实没必要为5法郎花这么多时间折腾，不过，这个故事很有价值。其实，故事中还有一个细节，第一名司机的计程表坏了，但他太累了，懒得跟美国人解释。当他们到达酒店时，司机认为索要15法郎很公平，他当时甚至还希望牛气的美国人能把费用涨到20法郎呢，毕竟5法郎的小费对财大气粗的美国人而言，实在是不值一提。

这位法国司机虽然有点恼羞成怒，失去理智。但在类似博弈中，人们不能忽略自尊和非理性这两种要素。有时候，总共只不过要多花5法郎，更明智的选择可能是到达目的地之后乖乖付钱。

这个故事还有第二个教训。两位经济学家确实是考虑不周，没有细想。设想一下，假如他们下车之后再讨论价格问题，他们的讨价还价的地位才真正会有很大的改善。

当然，若是租一辆出租车，思路应该反过来。假如你在上车

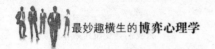

之前告诉司机你要去哪里，那么，你很有可能眼巴巴看着出租车弃你而去，另找更好的雇主。最好先上车，然后告诉司机你要到哪里去。

在现实生活的博弈中，你需要了解对方的想法，需要考虑他们知道些什么，是什么在激励着他们，甚至他们是怎么看你的。在策略性思考时，你必须竭尽全力去了解博弈中所有其他参与者的想法及其相互影响，包括那些可能保持沉默的参与者。

这使我们得到了最后一个要点：你可能以为自己是在参与一个博弈，但这只不过是更大的博弈中的一部分，生活中总是存在更大的博弈。

谨记一点，博弈中的其他参与者是人，不是机器，自豪、蔑视或其他情绪都可能会影响其决策。当你站在对方的立场上时，你需要和他们一样带着这些情绪思考，而不是像你自己那样。

第六章　斗鸡博弈
如何化解进退两难

理解边缘政策的关键在于，必须意识到边缘不是一座险峻的悬崖，而是一道光滑的、越来越陡峭的斜坡。边缘政策的本质在于故意创造风险。这个风险应该大到让你的对手难以承受，从而迫使他遵从你的意愿，以化解这个风险。

为什么敌我都需要有进有退

某一天，在斗鸡场上，两只好战的公鸡展开遭遇战。这时，每只公鸡都有两个行动选择：一是退下来，一是进攻。

如果一方退下来，而对方没有退下来，对方获得胜利，这只公鸡很丢面子；如果对方也退下来，双方则打个平手；如果自己没退下来，而对方退下来，自己则胜利，对方则失败；如果两只公鸡都前进，则两败俱伤。

因此，对每只公鸡来说，最好的结果是，对方退下来，而自己不退，但是这样面临着两败俱伤的结果。

不妨假设两只公鸡均选择"前进"，结果是两败俱伤，两者的收益是 -2 个单位，也就是损失为 2 个单位；如果一方"前进"，另外一方"后退"，前进的公鸡获得 1 个单位的收益，赢得了面子，而后退的公鸡损失 1 个单位的收益，输掉了面子，但没有两者均"前进"受到的损失大；如果两者均"后退"，两者均输掉了面子，

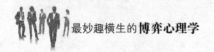

获得 1 个单位的损失。

这是博弈论的一个理论模型，描述的是两个强者在对抗冲突的时候，如何能让自己占据优势，力争得到最大收益，确保损失最小。

斗鸡博弈则有两个选择：一方进另一方退。哪一方前进，不是由两只斗鸡的主观愿望决定的，而是由双方的实力预测决定的。当两方都无法完全预测双方实力时，就只有经过反复的试探，甚至是激烈的争斗后才会做出选择。以这种形式运用斗鸡定律，比直接选用严格优势策略的形式更常见，这也许是因为人有复杂的思维、更多的欲望。

在现实中，哪一只斗鸡前进，哪一只斗鸡后退，都要进行实力的比较，谁稍微强大，谁就有可能得到更多的前进机会。这种前进并不是没有限制的，而是有一定的距离。一旦超过了这个界限，只要有一只斗鸡接受不了，那么斗鸡博弈中的严格优势策略就不复存在了。

谁是胆小鬼

在一个大力马车赛中，按照规则要求，麦可和奈尔两名车手分别驾车同时驶向对方。如果一人在最后时刻把车转向，那么这个人就会输掉比赛，将被视为胆小鬼；倘若两人都不肯转向，两车就会相撞，两人非死即伤；而如果两人同时将车转向，那么这个博弈中没有获胜者。

这个情节来自 20 世纪 50 年代美国的一部电影，是胆小鬼博弈模型的来源。虽然这是编剧虚构的，但现实中也不乏类似的事例。比如，两辆相向行驶的汽车狭路相逢、互相都不让道的情况。从博弈的赢利结构来看，应该说双方采取一种合作态度——至少是部分的合作态度，选择转向可能是有利的。但实际情况却与理论相去甚远，在现实中，（向前，转向）和（转向，向前）才是这个博弈的纳什均衡。即如果一个司机选择转向，则另一个司机最好是选择向前；如果一个司机选择向前，则另一个司机最好是选择转向。

在胆小鬼博弈中，如果博弈参与一方是性格鲁莽、不顾后果的，而另一方是足够理性的人，那么"亡命之徒"极可能是博弈的胜出者。这就告诉我们，在胆小鬼博弈中获胜的关键，是要让对手相信你绝对不会退却，你越是表现强硬，对方就越有可能让路；但如果你知道对手绝对会硬干到底，那么最好的策略就是当个胆小鬼。撞车的结局是谁也不愿看到的，所以在最后关头转弯，是双方的最优策略。

但问题是这个"最后关头"很难把握。在飞驰的车上，也许生死存亡就在一念之间，也许这一秒钟你还在指望对方妥协，下一秒钟你们就同归于尽了。所以说，这个"最后关头"策略并不是一个"绝对正确"的选择。

二次世界大战以后，美苏争霸的国际格局逐渐形成。在竞争中，两国互有胜负，总体上处于均衡态势。等到里根就任美国第40任总统时，无论是在原子弹、氢弹等核武器的研制上，还是在隐形战斗机等常规武器的研制上，苏联都占据了上风。为了扭转这一被动局势，里根政府提出了"星球大战"计划，意图通过军备竞赛来拖垮对方。双方的竞争相当于拍卖中的轮番出价，竞拍者均不断出更高的价，如果一方没有出更高的价钱，不继续竞赛下去，

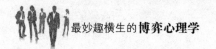

那么他将输掉自己过去为了这次竞赛付出的所有努力，而对方将赢得全部；但如果继续竞赛下去，一旦支撑不住，损失同样巨大。由于内部经济发展不平衡，苏联政府在新一轮的军备竞赛中逐渐败下阵来。

美国和苏联这场你死我活的较量，就是一种胆小鬼博弈，是一种典型的"零和博弈"，赢的人得到的恰恰是输的人损失的，两个人的利益总和并没有增加。陷入胆小鬼博弈中的任何一方，为了证明自己并不是胆小鬼都在不停地争斗，无法自拔。

以美苏争霸为例，无论双方受到什么损失，它们都要坚持下去。因为一旦自己在某一方面退缩了，就有可能己方导致全面溃败。它们就像独木桥上高速行驶的两辆超级战车，如果没有人转弯，两辆战车就会撞在一起；如果其中一辆转弯，转弯的那辆就会掉进河里，虽然可以避免与对手同归于尽的惨剧，却丧失了自己的战斗力。里根政府用"星球大战"计划拖垮了苏联，使苏联这辆超级战车不得不放弃和美国继续争夺霸权，而世界在苏联退出争霸以后就成为美国的独木桥了。

如果故事只到这里，美国的计划只是在消耗自己大量国力的同时拖垮对手，只能算得上是"杀敌一万，自损八千"的惨胜。但是后来由于美国中央情报局冷战时期一些密件的曝光，这个故事发生了戏剧性的转折。

原来，"星球大战"计划只是美国政府的一个骗局，里根政府只是向世界放出"星球大战"计划的烟幕弹，以此让苏联不断地投入自己的金钱，与美国进行一场实际不存在的军备竞赛。虽然美国五角大楼发言人解释说，"星球大战"计划没有实施，是因为不具备可操作性。但这种解释丝毫不能掩饰"星球大战"计划就是一场骗局，苏联还是上当了。很多人都会嘲笑苏联，因为它进行了一场并不存在的竞争。实际上，在生活中犯同样错误，陷在胆小鬼博弈中无法自拔的人也不在少数。

有一个笑话是这样的。

一个教授在凌晨 2 点时接到邻居的一个电话，邻居非常生气地对教授说："请你管好你的狗，它的叫声让我没法睡觉。"说完，邻居就挂了电话。教授感到非常莫名其妙，他很快想出了整治对方的办法。第二天，教授定好闹钟后就早早睡觉了，凌晨 2 点整的时候，教授听到闹钟铃响，然后起床，接着拨通邻居的电话，对睡意蒙眬的邻居说："尊敬的夫人，昨天我忘记告诉您了，我家其实并没有养狗。"说完就挂了电话，然后舒舒服服睡觉去了。

笑话到这里就结束了，我们不妨分析一下，邻居极可能会选择第二天的凌晨 2 点再给教授打电话，然后教授和邻居就会不停地在凌晨 2 点给对方拨电话，弄得对方不得安宁，自己也无法休息。教授和邻居很显然处在胆小鬼博弈当中，他们为了取得胜利只能不断争斗下去，除非有一方主动认输，否则凌晨 2 点的电话会不停地进行下去。

如何让老板给你加薪

如果你是一位职场人士，那么你与老板之间围绕薪水进行的博弈，一定是最为惊心动魄的了。一方要让收入更合乎自己的付出，另一方则要尽可能压低运营成本，利益相悖的两方便在办公桌前迎头相遇了。

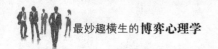

在胆小鬼博弈中，主动进攻往往是一种优势策略。在实际的生活博弈中，该主动的时候，就应该据理力争，不要老想着对手会把好处拱手相送。作为员工，如果想让老板给你加薪，就必须主动提出来。你不提，老板极少会主动展示自己的大方。

在向老板要求加工资时，除了把加工资的理由一条一条摆出来，详细说明你为公司做了什么贡献，更重要的应该是提出自己的加薪数额。你提出的数额，应该超过你自己觉得应该得到的数额。注意，关键是"超过"。鉴于你与老板之间的地位不平等，这是需要勇气的，见了老板最好不要吞吞吐吐。

一般人请老板加薪，提出的数额都不多，但这种低数额的要求对他们往往弊大于利。提的数额越低，你在老板眼里的身价也就越低。标价较低的商品，比标价较高的商品更容易令买主失去兴趣。类似的，如果提的数额合理但略高一些，会促使老板重新考虑你的价值，对你的能力和贡献做更公正的评估。即便你要求的数额不能完全被满足，老板也可能因此更加器重你，会为你的工作提供更大的便利，为你的能力提供更加广阔的展示舞台。

在对抗条件下的动态博弈中，双方可以通过提出威胁和要求，找到彼此都能够接受的解决方案，而不至于因为各自追求自我利益而僵持不下，甚至两败俱伤。但这种优势策略的选择，并不是一开始就能明确做出的，它常常需要通过反复的试探甚至激烈的争斗才能实现。

哪一方前进，不是由博弈双方的主观愿望决定的，而是由双方的实力预测所决定的。当两方都无法完全预测对手实力的强弱时，就只能通过试探得知。而在试探的时候，既要有分寸，更要有勇气。

斯蒂夫是道格拉斯公司的业务骨干，他的老同学尤利在史密斯公司干得不错，月薪也比他多了近 1000 美元。尤利多次邀请斯蒂夫加盟自己所在的公司，还说他们老板已经给他留了位置，月薪比斯蒂夫现在的工资多 1000 多美元。

斯蒂夫考虑到老板平时对自己不错，自己在道格拉斯公司也一直做得很顺心，但高薪毕竟是个诱惑，其实只要老板再给他加个五六百美元，他就不会选择离开。

于是，斯蒂夫找了个机会把老同学的邀请向老板透露了，并表示在老板找到接替他的合适人选之后，他才会离开，如果暂时找不到，他会继续留下。老板感动之余，也明白了斯蒂夫的心思。到了月底，斯蒂夫的工资卡里就比之前的工资多了 900 美元。

斯蒂夫没有被动等待老板为他加薪，而是选择了主动向老板透露老同学的邀请。因为斯蒂夫的能力很强，其他公司愿意提供更高薪水给他是非常可能的，这对老板而言是一种可置信的威胁。老板在利益和成本之间进行权衡之后，决定为斯蒂夫加薪。

像斯蒂夫这么做必须有一个前提，那就是他具有让老板加薪的价值。如果公司完全可以重新聘请他人来代替斯蒂夫，那么斯蒂夫不但加薪不成，反而会被公司炒掉。

员工只有做出实实在在的业绩，为公司的赢利做出贡献之后，才能得到老板的欣赏和重视。在员工与老板就加薪问题形成的博弈中，老板会综合对员工能力和贡献的了解，评估出是否该给员工加薪，以及加薪的幅度，并以此作为讨价还价的依据。如果员工的理由充分，又有事实根据，但跟老板对员工的评估有出入，发生认知上的错位，老板就会设法协调这种不一致。但是，如果员工不把这种认知的不一致暴露出来，员工就会处于下风，因为

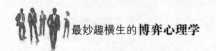

老板会有思维定式。员工提供了对自己不同的价值评估，就迫使老板对之重新审视，该加薪与否，他自会有判断。

故意创造风险

在电影《上帝也疯狂》中，一些人企图谋杀非洲某国家的总统，但没有成功。总统护卫队抓住了其中一个袭击者，对他进行审讯，让他供出谋杀团伙其他成员的情况。他的眼睛被蒙了起来，背朝敞开的直升机门口站着，直升机的旋翼正急速旋转着。

警官问他："你们的头儿是谁？哪里是你们的藏身之处？"

他没有回答。这个警官一把将他推出直升机。镜头转向了外面，我们可以看到，直升机实际上只是在距离地面1英尺处盘旋着，这个人背朝地摔了下去。

审讯官哈哈大笑，然后说："下次，直升机就会再高一点儿。"

这个人吓坏了，赶紧供出实情。

很显然，审讯官是在威胁罪犯，强迫他说出真相。但是，这个威胁是什么？它不是简单的"如果你不告诉我，我就杀死你"，而是"如果你不告诉我，我就升高直升机。如果飞得足够高，你就死定了"。这个威胁实际上是在制造罪犯被摔死的风险。每重复一次威胁，风险就增大一次。当罪犯发现风险太大时，就赶紧吐出了真相。但仍存在其他的可能性：审讯官可能担心真相会随着罪犯的死永远消失，这个风险太大了，于是他放弃这一威胁，改用其他的方法。

这种逐渐增加风险的威胁，同时也提高了坏结果产生的风险。这样，由于这种风险的存在，威胁的制造者和接受者便都卷入了考察对方忍耐力的博弈当中。这就是曾长期在哈佛大学学习和工作的托马斯·谢林提出的名为"边缘政策"的策略。这一策略的内涵是，为了使对手先动摇，要先把对手带到灾难的边缘。站在危险的边缘，你威胁说如果他不遵从你的意愿，你就把他推下去。当然，他很可能会连你也带下去。谢林说，这就是把对手推下边缘这一简单的威胁不可信的原因。

理解边缘政策的关键在于，必须意识到边缘不是一座险峻的悬崖，而是一道光滑的、越来越陡峭的斜坡。

边缘政策的本质在于故意创造风险。这个风险应该大到让你的对手难以承受，从而迫使他遵从你的意愿，以化解这个风险。前面讨论过的胆小鬼博弈，也属于这种类型。我们之前的讨论假设每个司机只有两个选择：要么转向，要么直行。但在现实中，要做出选择的不是该不该转向，而是应该什么时候转向。两个参与者保持直行的时间越长，碰撞的风险就越大。最后，两辆车距离实在太近了，这时，即使其中一个司机意识到危险太大而转向，也可能为时已晚，免不一场碰撞了。换句话说，边缘政策是"现实中的胆小鬼博弈"。

理解了边缘政策，我们会发现，边缘政策随处可见。在大多数对峙中，一个参与者或参与者双方无法确定对方的目的和能力。因此，大多数威胁都存在出错的风险，而且，几乎所有的威胁都含有边缘政策的元素。对于任何人来说，了解这种策略行动的潜力与风险，都是至关重要的。当你采用边缘政策时，必须非常小心，但即使如此，你仍有可能失败，因为当你增加赌注时，你和对方参与者都担心的坏结果可能就会出现。如果你预计在这次对峙中你会"先眨眼"，也就是说，在对方的承受力到达底线之前，坏结果发生的概率已经高到让你难以承受了，那么，建议你最好不要先采用边缘政策。

在运用边缘政策时，跌落边缘的风险很有可能变成现实。当

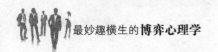

参与边缘政策博弈的双方都不妥协时，局势就会完全失去控制，最终酿成悲剧。

交出控制权，掌握主动权

苏联曾与挪威就购买鲱鱼进行了长时间的谈判。深知贸易谈判诀窍的挪威人，卖价高得出奇。苏联的谈判代表与挪威人进行了艰苦的讨价还价，挪威人就是坚持不让步。谈判进行了一轮又一轮，代表换了一个又一个，仍然没有结果。后来，苏联驻挪威的全权贸易代表柯伦泰女士取得了谈判的成功。她对挪威人说："好吧！我同意你们提出的价格，如果我国政府不同意这个价格，我愿意用自己的工资来支付差额。当然，这自然要分期付款，可能要我支付一辈子。"

谈判中，柯伦泰所说的"如果我国政府不同意这个价格"，就是交出谈判中的控制权，从而让挪威人明白，苏联政府对购买鲱鱼，有确定的价格底线，价格问题不是她能说了算的。即使柯伦泰同意挪威人的报价，苏联政府也不会履行协议，因为价格超出了苏联政府对贸易代表的授权，苏联政府不会予以承认。为了做成这笔生意，挪威人只得将鲱鱼价格降到苏联政府能够接受的价格。

交出控制权是一种常见的谈判手法，放弃对某些事物控制权的同时增强你的谈判地位，从而逐渐掌握主动权。

假如你是一位领导，失去一位对你日常工作了如指掌的能干的秘书，对你而言可能是灾难性的。假如秘书知道自己的重要性，而你又有权为他加薪，那么秘书在谈判时就有很大的优势。不过，人力资源经理可能并不在乎你这位能干的秘书是否会跳槽。假如你的秘书只和这位事不关己的经理谈判，其立场就会软化，因为人力资源经理并不像你那样不希望这位秘书离开公司。

领导置身事外，将谈判的控制权交予事不关己的人力资源经理，令秘书的辞职威胁不再可怕，就可以掌握这场薪水谈判的主动权。与之类似，高明的律师也惯用这种策略，从而赢得诉讼。

当律师想要结束诉讼时，往往会宣称他们的委托人只授权他们到某个程度。假如对手相信他们的权限只到这里，那么当他们保证绝对不可能有更好的条件时，对手就会相信。向对手表明自己无权决定比较容易回绝不利的要求。

律师交出诉讼控制权的策略是一种主动的谈判技巧，而在行政领域的一些权限设置，则会令谈判当事人被动地交出控制权，但也因此给自身免去了很多不必要的麻烦。

哈佛大学商学院规定，教授无权把学生的缓考安排在期末考试之后，所以学生如果想缓考，就必须找院长。有人可能会认为这项政策表明教授的行政地位不如院长。事实上，教授很怕遇到学生要求缓考，所以用校规来限制同意缓考的权力，反而能帮助教授解脱困境。同样，经理们也可以通过缩小权限获得好处。假如每个人都知道你没有能力答应他们，你要开口拒绝就容易得多了。

以切断联系的方式交出控制权也有助于你解脱困境，掌握主动。

在一场围攻孤岛城堡的战役中，只有当守军相信攻击方会打到获胜为止时，他们才会投降。为了展现绝不撤退的决心，攻方统帅可以先下令部队战到最后一兵一卒，再把将士们单独留在岛上。假如守军看见攻方统帅一走了之，并相信岛上没有其他人可以收回成命，那么他们就会认为攻击部队将奋战到底。

切断联系的方式在商场谈判中也很有用。比方说，你遇到一

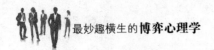

位买主不肯接受目前的报价，因为他相信你很快就会提出更好的价钱。为了让这位买主相信你不会降价，你可以先给一个最后的报价，然后就停止谈判，连他的电话、传真或电子邮件也不回。拒绝接触，可以增加威胁的可信性。

在美国的一场监狱暴动中，典狱长拒绝聆听犯人的要求，直到犯人释放了所挟持的警察为止。典狱长完全拒绝和犯人对话的做法等于在明确告诉犯人，他绝对不会让步。同样，假如员工一直拿加薪的事来烦你，你只要完全拒绝聆听他的要求，他自然就知道这件事没什么好谈了。

看球赛还是音乐剧

塞缪与珍妮是一对恩爱夫妻，现在有一个难得的周末，该怎么度过好呢？晚上有一场球赛，塞缪是个铁杆球迷，凡有比赛每场必看。不巧的是，晚上在百老汇剧院将上演一场非常著名的音乐剧，这是珍妮的最爱。

那么，塞缪在家看球赛，珍妮去剧院看音乐剧，不就解决了吗？问题在于，他们是感情非常好的伴侣，如胶似漆，分开才是他们最不乐意的事情。这样一来，他们就面临一场博弈了。为了更加形象地展示双方的收益情况，我们借助一个利益矩阵加以说明。

塞缪与珍妮收益矩阵

塞缪 / 珍妮	看球赛	看音乐剧
看球赛	2，1	0，0
看音乐剧	0，0	1，2

从收益矩阵中我们可以看出，在这一夫妻博弈中，共有两组均衡解：如果都留在家看球赛，塞缪的收益是2，珍妮的收益是1；如果同去欣赏音乐剧，珍妮的收益是2，塞缪的收益是1。最终到底是哪组胜出，这取决于夫妻双方哪一人更"强势"。而胜利的一方无疑进行着"温柔的独裁"，因为收益为1的那一人，虽然没看到自己想看的节目，但还是实现了夫妻双方"共度良宵"的预期。

理论上是这样的，但实际生活中人的行为和理论会出现偏差。博弈的基本假设是双方都是理性人，参与者在做决策时会尽量使利益最大化。但在现实中人不一定完全理性，就会出现很多问题。比如，这个夫妻博弈，由于双方是相爱的，因此自然会更多地考虑对方的感受，不仅要"共度良宵"，还要"愉快地共度"。因此，塞缪会想：若勉强她和我一起看球赛，她心里肯定不愉快，所以还是看音乐剧吧。而珍妮则会想：若勉强他和我看音乐剧，他一定不舒服，还是看球赛吧——结果是陷入了尴尬的两难，最后很可能是既不看球赛也不看音乐剧，双方的收益同时降低。

换一个角度说，人们在做出某项行为之前，会对结果有一个预期，在做出选择之后，将结果与预期相比较，吻合的程度是满足感的一个重要来源。如果既不看音乐剧也不看球赛的话，双方都不会满足。

这里的夫妻虽然不是理性的，却是充满爱的，因为为对方着想，使得最后的结果不理想。如果人是完全理性的，夫妻二人会选择两个节目中的一种，让其中一方收益最大化，这虽然会带来一种"独裁"，但它是温柔的。

那么人到底是理性好，还是感性好呢？

如果两个人不相爱，非要让对方满足自己，夫妻之间就可能要吵架了，而夫妻之间的吵架也是一场博弈，也可以用囚徒困境

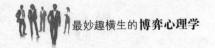

策略来解释。

　　如果夫妻吵架，双方都有两种策略：强硬或让步。博弈的可能结果有四种组合：夫强硬妻强硬、夫强硬妻让步、夫让步妻强硬、夫让步妻让步。其结果往往是选择夫妻共同让步的比较多，因为无论采取其他哪种策略，都不可能达到共赢的局面，只有双方都选择让步策略的时候，共赢才可能出现。

第七章　枪手博弈
情况不利于自己时如何扭转

生物学家达尔文说过："能够生存下来的物种，并不是那些最强壮的，也不是那些最聪明的，而是那些对变化做出快速反应的。"强与弱是对应的，在多方制衡中，一个人要想在竞争中胜出，不仅要清楚自己的实力，还要认清在竞争格局中的处境地位。如果威胁性太大，不妨先学会掩藏自己的实力。

最强者也要学会保存实力

枪手博弈也是博弈论中的一个经典模型。话说有三个快枪手，他们之间的仇恨到了不可调和的地步。这一天，他们三人在街上不期而遇，每个人的手中都握着一把枪，气氛紧张到了极点。每个人都知道，一场生死决斗马上就要展开，三个枪手对彼此间的实力都了如指掌，枪手甲枪法精准，十发八中；枪手乙枪法平平，十发六中；枪手丙枪法拙劣，十发四中。

现在我们来假设一下，如果三人同时拔枪，谁活下来的机会大一些？

假如你认为是枪手甲，结果可能会让你大吃一惊：最可能活下来的是丙——枪法最拙劣的那个家伙。

假如这三个人彼此痛恨，都不可能达成协议，那么作为枪手甲，他一定要对枪手乙拔枪。这是他的最佳策略，因为此人威胁最大。这样他的第一枪就不可能瞄准丙。同样，枪手乙也会把甲作为第一目标，很明显，一旦把甲干掉，下一轮（如果还有下一轮的话）和丙对决，他的胜算较大。相反，如果他先射击丙，即使活到了下一轮，与甲对决也是凶多吉少。而丙呢？他此时便完全具有后发制人的优势。等到双方的枪战结束，结果或两死或一死一伤。如果两死对丙当然是最好的结局，但如果是一死一伤，丙也完全可以利用后动优势置对方于死地。

于是第一阵乱枪过后，经过概率的计算，甲能活下来的机会少得可怜（将近10%），乙是20%，而丙是100%。

在竞争越来越激烈的环境中，成为强者几乎是每一个人的追求，但是枪手博弈却告诉我们：有时候，经过轮番竞争之后，最后生存下来的并不是强者而是弱者。

生物学家达尔文说过："能够生存下来的物种，并不是那些最强壮的，也不是那些最聪明的，而是那些对变化做出快速反应的。"强与弱是对应的，在多方制衡中，一个人要想在竞争中胜出，不仅要清楚自己的实力，还要认清在竞争格局中的处境地位。如果威胁性太大，不妨先学会掩藏自己的实力。

枪手如何更好地生存

作为一种互动的策略性行为，在每一个利益对抗的博弈中，人们都在寻求制胜之策。在枪手博弈中，一个枪手的生死由另外两个枪手的射击方向决定，如何通过策略选择在"枪手博弈"中更好地生存，是每一个枪手必须面对的问题。事实上，通过博弈模型我们可以得知，在枪手都是理性人的前提下，实力最强的枪手反而最可能先倒下，所以，策略选择对每一个参与者而言就变得非常必要。

1. 找到心照不宣的合作者

在枪手博弈模型中，我们发现，枪手乙和枪手丙似乎达成了某种默契：在甲被杀死以前，他们不是敌人，即丙和乙之间达成了一个心照不宣的攻守同盟。

其中的道理很容易理解，毕竟人总要优先考虑对付最大的威胁，同时这个威胁还为他们找到了共同的利益，联手打倒这个人，他们的生存机会都上升。

这种与竞争方合作从而在多人博弈中取胜的方法，在现代商业竞争中有很多成功的运用实例。

可口可乐和百事可乐，在一般消费者看来，是饮料市场上两个水火不容的对手，他们的市场竞争可谓你死我活，似乎每家都希望对方忽然发生重大变故，从而将市场份额拱手相让。但是多年来，这种局面让两家都赚了个盆满钵满，而且从来没有因为竞争而使第三者异军突起。

认真分析一下我们就会发现，饮料市场的这两位龙头老大，实际上在进行着一种类似于枪手丙和乙之间的攻守同盟，形成了一种有合作的竞争关系，它们真正的目标是消费者及那些雄心勃勃的后起之秀。只要有企业想进入碳酸饮料市场，它们就会展开一场心照不宣的攻势，让挑战者知难而退，或者一败涂地。这是两大行业巨头彼此制衡并同时消除外来威胁的方式。

在生活中，竞争是与合作并存的。当面对共同的困难时，即使原先存在着竞争关系的双方，也会为了保护共同利益选择同仇敌忾，共同抵抗外来威胁。当我们遇到这样的威胁时，要从大局出发，找出与自己心照不宣的合作者，做出对双方都有利的策略。这时候若鼠目寸光，不知进退，往往就会两败俱伤。

2. 避开锋芒

在各种交际场合，我们都会遇到双方或多人博弈的局面，也

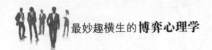

会遇到强大的对手。这个时候，拼命和别人比优势往往会让自己处于非常不利的局势，所以选择避开对方锋芒是对自己一种很有效的保护。

3. 置身事外

枪手博弈中，在枪弹横飞之前甚至过程中，也仍然会出现某种回旋空间。这时候，对于尚未加入战团的一方来说是相当有利的。因为当另外两方相争时，第三者越是保持自己的含糊态度，保持对另外两方的威胁态势，其地位越是重要。当他处于这种可能介入但尚未介入的状态时，更能保证其优势地位。

这就启示我们，人在很多时候都需要一种置身事外的艺术。如果你的两个朋友为了小事发生争执，你已经明显感到其中一个是对的，而另一个是错的。现在他们就在你的对面，要求你判定谁对谁错，你该怎么办？

在这个时候一个聪明的人不会直接说任何一个朋友的不是，因为这种为了小事发生的争执，影响他们做出判断的因素有很多。而不管对错，他们相互之间都是朋友。当面说一个人的不是，不但会极大地挫伤他的自尊心，让他在别人面前抬不起头，甚至很可能因此失去他对你的信任；而得到支持的那个朋友虽然一时会感谢你，但是等明白过来，也会觉得你帮了倒忙，使他失去与朋友和好的机会。

声誉只有在公开的情况下才可信

如果你可以通过使自己的策略行动显得可信而获得好处，那么类似的，你或许会想，可以同样通过阻止他人策略行动显得可信而获益。这种想法并非完全可取，因为博弈并不一定就是零和博弈，很多博弈可能是双赢博弈或者正和博弈。在这些博弈中，如果另一个参与人的策略行动可以得到对双方都有利益的结果，那么，加强该行动的可信性便对你有利。

比如，在囚徒困境中，如果对方向你许诺，你选择合作的话，他会报答你，那么你就应该尽量让他能使这个诺言显得可信。

但是，在许多情况下，其他参与者的策略行动可能会使你受到伤害。其他人的威胁确实对你不利，某些无条件行动（承诺）也是如此，此时，你一定希望阻止对方，使他的这种行动变得可信。运用声誉的影响力就是实践这门艺术的一个方式。当然，这种手段十分复杂甚至还有风险，不能指望它完全成功。

比如，你是哈佛大学的一名学生，想请求教授把你交作业的最后期限延后几天。他希望维护自己的声誉，于是告诉你："如果我这次宽限你几天，那以后谁来找我，我都没法拒绝了。"你可以这么回答："这件事不会有人知道的，告诉他们对我也没什么好处；如果他们依靠宽限把作业完成得更好，那我的得分就会降低，因为这门课程是强制相对等级评分的。"

声誉只有在公开的情况下才有价值，你可以通过保密来使其无效。

如果你在博弈中尝试了一个策略行动，然后又反悔，你就可能丧失可信性方面的声誉。在一生只遇到一次的情况下，声誉可能无关紧要，所以也没有多大的承诺价值。但是，一般情况下，你会在同一时间和很多不同的对手开展多个博弈，或者在不同的时间和同一个对手开展多次博弈。你未来的对手会记着你过去的行动，也可能在与其他人交易时对你过去的行动有所耳闻。因此，你有建立声誉的动机，声誉的建立使你未来的策略行动显得可信。

有时候，将你的声誉公开化，当众声明你的决心会很有效。在 20 世纪 60 年代早期，肯尼迪总统做了几次演讲，正是为了建立和维护这种公众声誉。这个过程是从他的就职演说开始的："让每一个国家知道，不管它期盼我们好抑或期盼我们坏，我们将不惜代价、忍辱负重，排除千难万险，支持一切朋友，反对一切敌人，以确保自由的存在和实现。"1961年柏林危机期间，他通过说明策略声誉的思想，解释了美国声誉的重要性："如果我们不能遵守自己对柏林的承诺，日后我们又怎能有立足之地？如果我们不言出必行，那么，我们在共同安全方面已经取得的成果，那些完全依赖于这些言语的成果，也就变得毫无意义。"古巴导弹危机时期，他发表了或许是他最著名的演讲："从古巴发射出来的攻击西半球任何国家的任何导弹，都会被视作对美国的攻击，我们需要对苏联进行彻底的报复。"

然而，如果一个政府官员对国内民众做出这般声明，之后却反其道而行，那他的声誉就会遭到无法弥补的破坏。1988年，乔治·布什在其总统竞选期间发表了一项著名的声明："看清楚我的嘴型，绝不增税。"但是一年之后，经济环境使他不得不增税，而这成为他在1992年改选时失利的重要原因。

声誉只有在公开的情况下才有价值，如果你行事的准则符合你公开的声誉，那么你的声誉就会不断得到加强；反之，如果你的行事与声誉相悖，那么声誉则会大大受损。

概率可以是变动的

事件发生的概率并非一成不变，它往往会随着条件的变化而改变。在生活中，我们不应该因为现在计算出的概率而畏首畏尾，而应该结合未来的发展进行考虑。

经济学把参与投资交易的人分成两类，一类是风险爱好者，另一类是风险厌恶者，通过这种划分来区别他们对风险的不同偏好。风险爱好者愿意承担一定风险来谋求更大的利益，而风险厌恶者则试图减少风险来保证自己财产的安全。

风险爱好者和风险厌恶者的区分在博弈中也是有作用的，理性的个体会利用事件发生的概率来选择最优决策。概率是一个确定的数字，但是对于不同的人来说同样的概率却可以有不同的解读。对于一个风险爱好者来说，也许35%的可能就足够让他行动了，而对于风险厌恶者来说，75%的成功率或许也不能令他下定决心。从经济学的角度来讲，这两种人没有好坏之分，他们都是理性的个体，只不过对于风险和收益的不同理解导致了他们不同的投资选择。不过，在生活中，事件发生的概率并不总是一定的，因为生活中的大部分博弈都是不完全信息博弈，我们在前面的《有效信息生存》一课已经论述过。在很多博弈中，参与博弈的个体并不能准确地计算出自己成功的概率，而概率也会随着信息的增加和事情的发展而不断地变化。

如果将一枚铜板抛向空中，上面是正面的概率有多少？

50%。可是也有铜板刚好立着的可能？

小于50%。如果铜板是不均匀的，偏偏正面那一边重一些？

大于50%。如果这枚铜板被设计成两面都是反面？

100%。如果在真空中把钢板反面向上抛上去？

没有可能。可是如果铜板正面向上被抛到水中……

这是一道折磨人的题目。而对于我们来说，生活就是像这样充满了各种各样的可能和各种各样的变动。昨天计算出的概率在今天可能已经变化很多，我们需要适应这种折磨，并且推动这种变动向着对自己有利的方向发展。

概率论不可能把未来的一切都算好，让你在做每个选择的时候都挑出可能性最大的那个。即使你可以选择到可能性最大的选

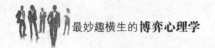

项，这也可能并不是你参加博弈的目的。

面对这枚抛起的铜板，风险爱好者和风险厌恶者提醒我们的是，不要同时做相反的两个预定，这样是无法做出最优选择的。就像在股市中，追求升值和减少损失是股民应该注意的两件事情，但是不要在追求升值的最大化的同时也考虑怎样规避自己的风险。因为投资学认为，风险跟收益成正比，如果你同时追求利益最大化和风险最小化这样一个矛盾的组合，做出的选择必定是不稳定的，也不会是最优的。

在博弈中，理性人的定义就是追求自己的利益最大化，当所处博弈对自己有利的时候，他们就会追求利益的最大化；而当所处博弈对自己不利的时候，他们就会追求损失的最小化，而不会试图同时追求两者。

第八章　理性乐观派
什么是不确定世界的理性选择

人生就是一个不断选择的过程，而做选择，首先就必须明确自己的目标，知道自己真正想要什么。时刻想着自己的目标，想着如何实现它，想象实现目标之后自己会如何快乐和满足，而不是时刻为失败的风险担惊受怕，因为在吸引力法则的作用下，你越害怕什么，什么就越会成为现实。

五年为期的倒推法

当我们顺行走不通的时候，可以尝试一下逆行。

一个小伙子问一个老先生年龄多大了，老先生说："给你出道题吧，把我的年龄加上 12，再除以 4，然后减去 15，再乘以 10，恰好是 100 岁，好了，你猜猜我的年龄吧！"

小伙子居然被难住了，好长时间都没回答出来。这时，在旁边玩耍的一个小孩子大声地说："用 100 除以 10，再加 15 乘以 4，最后减去 12，就是 88 岁！"

老先生哈哈大笑，说道："不错，我正是 88 岁。"

这个小孩用的是倒推法。我们甚至在小学时代就已经常运用倒推法来解决数学题了。只是成年以后，很少有人将这种思维方

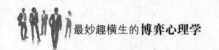

法抽象出来，作为自己分析和解决问题的一种思路。

将倒推法运用于人生博弈，能够给人生规划带来很大启发，如果你想要实现什么样的结果，那就看看能促使这种结果发生的原因是什么，然后只要促成这种原因发生就能够实现你想要的结果。

梦想代表了人们对于人生的美好期待，我们常听到有人说"要为梦想而努力"，但是要问他：你想过该怎样努力吗？大概很少有人能回答出来，这说明这些人没有想过或者没有认真地想过这个问题。事实上，这个问题很重要，它关系到我们的梦想能不能实现或者在多大的程度上实现。

　　19 岁的查克在哈佛大学主修计算机，同时在一家科学实验室工作。但他酷爱作曲，一直梦想着成为一名优秀的音乐人，出自己的唱片。

　　出于对音乐共同的热爱，他结识了一位喜欢作词的女孩，正是这位聪慧的女孩让他在迷茫中找到了实现梦想的道路。

　　她知道查克对音乐的执着，然而，面对那遥远的音乐界及整个美国陌生的唱片市场，他们一点门路都没有。

　　一天，女孩突然冒出一句话："嘿！告诉我，五年后你希望自己在做什么？"

　　查克愣住了，不知该如何回答。女孩继续给他解释："别急，你先仔细想想，你心中最希望五年后你的生活是什么样的？"

　　查克沉思之后，说出了自己的希望：第一，五年后他希望能有一张广受欢迎的唱片在市场上发行，得到大家的肯定；第二，他要住在一个有丰富音乐的地方，天天与世界上顶级的音乐人一起工作。

下面女孩的话对查克意义重大，她帮助他做了一次倒推：如果第五年他希望有一张唱片在市场上发行，那么，第四年他一定要跟一家唱片公司签约。那么，第三年他一定要有一个完整的作品能够拿给多家唱片公司试听。第二年，一定要有非常出色的作品已经开始录音。这样，第一年，他就必须把自己所有准备录音的作品全部编曲，排练就位，做好充分的准备。第六个月，就应该把那些没有完成的作品修饰完美，让自己从中进行筛选，而第一个月就要把手头上的这几首曲子做完。因此，第一个星期就要先列出一个完整的清单，决定哪些曲子需要修改，哪些可以完工。话说到此处，她已经让他清楚自己当下应该做些什么。

对于查克的第二个未来畅想，她继续推演，如果第五年他已经与顶级音乐人一起工作，那么第四年他应该拥有自己的一个工作室。那么，第三年，他必须先跟音乐圈子里的人一起工作。第二年，他应该在美国音乐家的聚集地洛杉矶或者纽约开始自己的音乐旅程。

查克在女孩的这番倒推中，找到了自己的人生路线，清晰的未来蓝图决定了他当下应该做的事情。第二年，他辞掉了令人羡慕的稳定工作，只身来到洛杉矶。大约第六年，他过上了当年自己畅想的生活。

当你为手头的工作焦头烂额的时候，一定要停下来，静静地问一下自己：五年后你最希望得到什么？哪些工作能够帮助你实现目标？你现在所做的工作有助于你实现这个目标吗？如果不能，你为什么做？只有你能清清楚楚地回答这些问题时，你才算

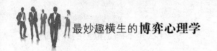

是具备实现理想的最基本条件。如果无法回答这些问题，那就需要检讨一下自己想要成为什么样的人。

这种五年期的倒后推理过程，也可以延长或者缩短时间跨度，但思路是一样的。如果你没有清晰的目标，就必须一辈子为那些有清晰目标的人工作，事实就是如此。当你在人力资源市场上奔波时，所追求的不是为了达成自己的目标，而是努力达成别人的目标。

如何治疗拖延症

人们大多有过类似的经验，对那些目前他们需要重点关注的任务进行拖延，转而去做那些对他们来说更加有趣或者更加容易的事情。拖延者的工作时间并不比他人少，但是他们在不重要的事情上投入了过多的宝贵时间。哈佛大学人才学家哈里克说："世上有93%的人都因拖延的陋习一事无成。"

怎样才能治疗拖延症呢？不管是什么原因，都必须在你错失潜在机遇或者损害到你的职业生涯前被识别、处理并被有效控制。

当然，你不必非要等到新年来临才能下一番决心。比如，要克服赖床的习惯，每天晚上，你可能决心第二天清晨早起，使这一天有一个良好的开端，但是根据过往的经验，你很清楚，当第二天清晨来临时，你会更愿意在床上再赖半小时或者更长时间。这是夜间坚决的自己与清晨意志薄弱的自己之间的一个博弈。

在这个博弈中，清晨的自己具有后行动的有利条件。但是，夜间的自己可以通过设定闹钟来改变博弈，以创造并抓住作为先行者的有利条件。这种做法被视为一种承诺，承诺闹铃一响就起床。夜间的自己还可以通过把闹钟放在房间里的衣柜上，而不是放在床头柜上，使承诺可信，这样，清晨的自己将不得不下床去关闹钟。如果这还不行，清晨的自己又直接跌跌撞撞地回到床上，那么，夜间的自己就必须想出另外的方法，或许可以使用一个同时开始煮咖啡的闹钟，这样，诱人的清香就会诱惑清晨的自己起床。

上面这个例子很好地解释了，为克服拖延，必须想方设法使策略行动在特定情形下可信这一观点。

控制并最终能够对抗拖延习惯的关键，是你意识到拖延的确发生了，然后了解拖延为什么会发生，并采取积极的手段管理自己的时间。

第一步：认识到自己正在拖延。

诚实地审视自我，了解自己什么时候开始拖延任务。但是，首先你必须明确任务的优先次序，暂时搁置那些不重要的事情不算拖延，反而是一个很好的区分优先次序的行动。利用任务优先矩阵来展示任务的优先顺序，然后每天按照经过优化的任务清单开展工作。

第二步：认识你拖延的原因。

拖延的原因有可能在于你自身或者在于被拖延的任务。但不管如何都必须了解在各种形式下拖延的原因，这样你才能选择最好的策略加以克服。它们多可以被归结为两个主要的原因：你发现任务本身没有吸引力；或者你发现任务困难度很大。

第三步：克服拖延。

如果你仅仅因为不想做某件事而拖延，同时你又不能够将任务委派，那么你需要寻找能够激励自己的一些方法，以下一些办法可以帮到你。

（1）自我奖励，承诺给自己一个很棒的礼物。

（2）要求某人检查你的工作，这种方法在减肥项目中经常被

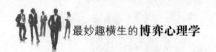

使用，来自他人的压力有时候显得更重要。

（3）认清拖延后的严重后果。

（4）计算你工作时间的成本，你的雇主因为你能够帮助其解决重要的事情而付给你工资，而你不去做那些重要的事情，你就不是在为你的雇主创造价值。

如果你因为某个任务困难而拖延，那么你就需要采取另外一些策略：将任务进行分解，分解为可以被单个完成的行动计划，并迅速针对那些小问题开展工作。尽管某些任务的逻辑次序不一定正确，但是这样做，你能够感觉到你正在取得一些成功，或者感觉到大任务本身可能也并不是无法被完成的。

认识到你正在拖延，并识别拖延的原因，采取积极的手段以克服困难，其中最正确的方法是培养良好的时间管理与组织技能及高效工作的习惯。

假使对某一件事，你发觉自己有了拖延的倾向，就应该立即努力改变它，不管这件事情如何困难，都要立刻动手去做。不要畏难，将拖延当作你最可怕的敌人，因为它将窃取你的时间、品格、能力、机会与自由，使你成为它的奴隶。要医治拖延的习惯，最关键的一点，就是事务当前，立刻动手去做。

约拿情结：不要增大自己失败的可能性

决定命运的是选择，什么样的选择决定了什么样的生活，而选择则是权衡的结果。你选择成为"伟大"之人，是因为你相信自己有能够变得"伟大"的能力。

马克教授是哈佛大学著名的心理学教授，他在给研究生上课的时候，曾向学生提出如下问题："你们谁希望写出美国最伟大的小说？谁将成为伟大的总统？谁渴望成为一个圣人？"……

学生们面对这些问题，通常的反应或者咯咯地笑，或者脸红耳赤，或者不安地蠕动。

马克教授又问："你们正在悄悄计划写一本什么伟大的心理学著作吗？"学生们还是红着脸、结结巴巴地搪塞过去。

教授继续问："你们难道不打算成为心理学家吗？"

有人回答："当然想啦！"

马克教授说："你是想成为一位沉默寡言、谨小慎微的心理学家吗？那有什么好处？那并不是一条通向自我实现的理想途径。"

面对马克教授提出的这些咄咄逼人的关于自我实现的问题，学生们大都表现得羞怯不安。这种对最高成功、对神一样伟大的可能既追崇又害怕的心理，称为"约拿情结"。这种"对自身伟大之处的恐惧"的情绪状态，往往导致我们不敢去做自己本来能够做得很好的事情，甚至逃避发掘自己的潜能。于是，在成功面前，人性中的双面性就会发生博弈，这种博弈的胜负将导致两种结果，成功或逃避成功，而最终的结果取决于个人的选择。

约拿情结有损于一个人在权衡自己未来发展方向时的理性和勇气，我们必须对这一情结有充分的认识，并加以克服。

毫无疑问，约拿情结是我们平衡自己内心心理压力的一种表现，也是为自己即将到来的失败寻找的理由。但成功是选择的结果，它从来不会自动找上门来。如果你选择做一个成功的人，那就意味着你选择了在今后很长一段时间内持续地付出艰辛的努力，

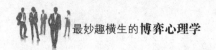

要面对许多无法预料的变化，并承担可能导致失败的风险。

人之所以不可能成为上帝，关键原因并不是做不到，而是害怕。面临机会的时候，要选择相信自己，勇于打破约拿情结，勇于承担责任和压力。你必须清楚地认识到，你所坚信的最终都会成为现实。

能够战胜约拿情结的，唯有广博而深湛的爱。如果我们选择爱自己、爱真理，那么，即使我们无法完全战胜内在的恐惧，也仍能在勇气的陪伴下不断前行。

人生就是一个不断选择的过程，而做选择，首先就必须明确自己的目标，知道自己真正想要什么。时刻想着自己的目标，想着如何实现它，想象实现目标之后自己会如何快乐和满足，而不是时刻为失败的风险担惊受怕，因为在吸引力法则的作用下，你越害怕什么，什么就越会成为现实。

好事不能一次做尽

有句俗语是，好事不能一次做尽，好话不能一次说完。这句话，既是一种人际交往的交流之道，也是一种心理学现象。

小惠有位很好的朋友小莉。小莉的家庭生活并不幸福，她在家经常与婆婆产生摩擦，从而导致了与丈夫的关系也不和谐，夫妻俩经常吵架。小惠每次听小莉声泪俱下地控诉完婆婆与丈夫的不是之后，感觉到小莉那份难以启齿的难受时，心中也一样难受万分，可是却没有办法来解决。眼看自己帮不了好朋友的忙，小惠也闷闷不乐，心情差到极点。

　　　　小惠也曾在心里一遍遍劝诫自己：小莉有困难她自己

会解决的，自己没必要也跟着痛苦不堪。然而，一遇到小

莉有什么事，小惠却又烦躁不安。

　　这种过度为他人操心和受他人影响的心理情绪，在心理学上称为"心理卷入程度过高"。心理卷入程度过高是指个人在心理上与环境信息的关联程度过高。例如，在人际交往中，有人会过分地关心朋友的事情，朋友遇到困难了，他比朋友还忧心忡忡；朋友办事出现失误，他比朋友还内疚和自责。

　　心理卷入程度过高的人，很容易受到外界环境的影响，总是把自己和周围的环境联系在一起，导致情绪波动大，行为控制不当，进而出现心理问题或人际关系障碍。

　　造成心理卷入程度过高，主要是因为当事人不自信，比如特别在乎别人的议论，担心遭到别人的否定和排斥。此外，由于个体心理独立性发展不完善，个人的状况和心理状态易受环境和他人的影响。再者，是因为缺乏必需的社会知觉和人际交往技巧，不会恰当地判断事件与自己的关联程度，以及对方的行为可能给自己造成的影响。

　　解决心理卷入程度过高的问题，一是要信任别人，相信别人能为自己的事负责、能解决好自己的问题，不要越俎代庖，负自己不该负的责任。二是加强自信和独立性，有自我价值观与生活支撑点。只有消除在心理上对他人的依赖，才能驾驭自己的生活和情感。

　　许多初涉社交圈中的人常犯的一个错误就是"好事一次做尽"，以为自己全心全意为对方做事会使关系融洽、密切，事实上并非如此。因为人不能一味接受别人的付出，否则心理会感到不平衡。"滴水之恩，涌泉相报"，这也是为了使关系平衡的一

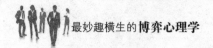

种做法。如果你总是在帮别人，使人感到无法回报或没有机会回报的时候，愧疚感就会让受惠的一方选择疏远。因而，留有余地，好事不应一次做尽，这也是平衡人际关系的重要准则。

"过度投资"，不给对方喘息的机会，会让对方的心灵窒息。留有余地，彼此才能自由畅快地呼吸。如果你想帮助别人，而且想和别人维持长久的关系，那么不妨适当地给别人一个机会，让别人有所回报，不至于因为内心的压力而疏远你。

第九章　信息
如何在信息爆炸中独立思考

我们在市场中经常可以看到这样的情形：卖西瓜的小贩，会问你要不要给挑好的西瓜切个三角形口，并保证不是鲜红的瓜瓤就不要你的钱，这就是信号发送。

但很多时候，卖方并不会向你提供可靠的信息，比如你想买一件羽绒服，你不知道里面到底是不是羽绒，卖方也不容许你把衣服拆开来鉴别，如果只听卖方的宣传就做出决定，很多人就会上当受骗。

车险中的道德风险

2001年诺贝尔经济学奖得主斯蒂格利茨在研究保险市场时发现：美国一所大学学生自行车被盗比率约为10%，有几个有经营头脑的学生发起了一个对自行车的保险，保费为保险标的15%。按常理，这几个有经营头脑的学生应获得5%左右的利润。但该保险运作一段时间后，这几个学生发现自行车被盗比率迅速提高到15%以上。何以如此？

这是因为自行车投保后学生们由于不完全承担自行车被盗的风险后果，对其自行车安全的防范措施明显减少。而这种不作为行为，就是道德风险。可以说，只要市场经济存在，道德风险就不可避免。

这种交易双方信息不对称导致的道德风险，是一种逆向选择

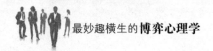

的结果。事实上，还有一种解决方法，那就是斯蒂格利茨提出的"分离均衡"。

在市场上，拥有信息的一方主动通过做广告等方式来发布信息，与同类区分开来，这样才有利可图。可是，在信息不对称的市场中不具备信息的一方，除了信息传递，应如何建立机制筛选有信息的一方，从而实现市场效率呢？斯蒂格利茨把信息不对称的概念引入保险市场和信贷市场的研究，从而回答了这个问题。

一个人去投保，其目的是弥补可能发生的损失；而保险公司也不可能在亏损的情况下承担保险，它要追求利润。如果这时信息是完全的，即投保人的信息也为保险公司所知，那么投保人应该选择完全保险，使投保后和不投保的收益水平是一样的。

比如，一个人投了汽车的保险，那么他看管汽车的努力可能会因为投保而发生改变。如果没有投保，丢车以后20万美元的损失他完全承担；如果花2000美元投了保，丢车后保险公司将赔偿15万美元，他的损失将大大减少。

由于保险公司与投保人之间的信息不对称，保险公司难以确切地知道投保人的真实情况。一旦和保险公司签订了保险合约，投保人就不会再像以往那样仔细看管所投保的财产了。出门的时候，他可能不再像以前未保险时那样仔细检查煤气是否关好，因为现在如果屋子着火了，他将获得保险公司的赔偿，有人甚至故意造成火灾来骗取保费。在这里，保险公司无法观察到人们在投保后的防灾行为，因此会面临着投保人松懈责任甚至不道德行为而引致的损失。

这样，社会中有帕累托优化的一些交易就可能不会发生。这在信息经济学里被称为道德风险：投保前和投保后投保人的行为无法被保险公司观察到。

与之相关的逆向选择就是：每个投保人可能知道自己汽车失

窃的概率，而保险公司不一定知道这种信息；那些觉得自己的汽车被盗的概率比较大的人会更有投保积极性；保险公司赔偿的概率也会变高，更加容易亏损。

有人会提出解决办法，这时保险公司为什么不采取提高保费的办法来获得利润呢？

问题在于，提高保费会导致那些犹豫不决的客户选择不投保险，而这部分人往往是丢车概率比较小的人。因为丢车概率越小，他所能接受的保费就越低。那些低风险的顾客群认为支付这笔费用不值得，从而不再投保；而高风险类型消费者不会在意保费的提高而踊跃投保。这样一来，高风险者就把低风险消费者"驱逐"出保险市场了。

这就是斯蒂格利茨和他的合作者提出的重要观点：提高保费的措施不仅不能使保险市场的逆向选择现象消失，反而会使该来的不来，不该来的来得更多。提高保费的办法对保险公司是一剂毒药，保险市场同样难以消受。要解决这一问题，保险公司可以通过提供不同类型的合同，将不同风险的投保人区分开，让他们在高自赔率加低保险费和低自赔率加高保险费两种投保方式之间选择，以防止欺诈行为。

甄别信息，减少伪信息的干扰

市场博弈中的卖方，如果手中的商品不为顾客所熟悉，但是商品质量确实比较高，他就会主动将商品信息向买方传递，让买方了解商品的信息。

我们在市场中经常可以看到这样的情形：卖西瓜的小贩，会问你要不要给挑好的西瓜切个三角形口，并保证不是鲜红的瓜瓤

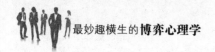

就不要你的钱，这就是信号发送。

但很多时候，卖方并不会向你提供可靠的信息，比如你想买一件羽绒服，你不知道里面到底是不是羽绒，卖方也不容许你把衣服拆开来鉴别，如果只听卖方的宣传就做出决定，很多人就会上当受骗。

这时，作为市场博弈中的买方，为了让自己尽可能得到真实的信息从而避免吃亏，我们必须运用自己的信息甄别能力来做决策。那么，在信息甄别时，有没有比较可靠的方法呢？

一般来说，甄别信息的方法主要有以下几种。

（1）根据信息来源途径判别。第一手信息资料是相对可靠的，如果是道听途说，可靠程度就会降低。

（2）不盲目相信自己已获取的信息。根据自己的理性判断及原有的经验来判断，不对获取的信息轻易下结论。

（3）多渠道获取信息。扩大信息获取的途径，广泛的信息量有助于自己做出理性的决策。

（4）向权威机构核实。比如，自己不能对市场上的高仿真钞票进行鉴别，应该向银行或其他部门核实。

我们在不知不觉中被大量的信息催眠

生活中，有很多事情不是自己想去面对的，当事情发生的时候，会觉得无力应对及反抗。悲观的人就用自我催眠的方式麻痹自己，选择逃避，觉得踏出舒适圈是一件非常骇人的事，把决定权交给命运，处于一种庸庸碌碌状态。

一个学生参加主持人大赛的半决赛，请专家支着让评委在 3 分钟之内记住她。根据她的情况，专家拟定了一个出场的方式。

上场之后，落落大方地摆好站姿，并不说话，而是拉远目光，先将观众扫视一遍，然后收回目光，与评委老师一一对视，并以优雅的姿态与评委打招呼："各位老师好，我们又见面了！"

这是个"荒唐"的招呼，因为这些评委与她之前没有见过，于是就会有评委问："这位选手，我们什么时候见过面？"

正中下怀的问题，她按照步骤回答："昨天晚上，梦里！"这时，她便开始最为关键的三句话介绍，这三句话是这样的："××，带着 21 年梦想的××（停顿），×× 今天把 21 年奋斗所得的能量展示给大家（停顿），请看 ×× 接下来的表现！"

这个开场成了该环节最有吸引力的开场白，这位学生最后也如愿以偿地赢得了比赛。这个过程包括：开场的冷场引起了评委与观众的紧张；接着与评委对视，让评委感到意外，忍不住去注意该选手的形象——这正是她的优点；接下来，一句"我们又见面了"再次引起评委老师的好奇，而回答则给这些善于用画面思考的评委带来了想象，他们对选手的感觉就会更为贴近，自然非常想要知道选手的名字；而最后三句介绍，重复了四次名字，又将一个为梦想努力的女孩的形象完全展示出来，这样一来评委怎么会不记得这位选手呢？

要走出舒适圈，最重要的是从小处做起，先完成那些你力所能及的事，选择一种较小的无效行为模式，通过准备式的训练来学会控制恐惧行为模式是恐惧专家们使用的一个秘诀。通过身体上的行为来改变生活中细微的行为模式，你会逐步踏出舒适圈。当你踏出舒适圈，你就是在改变行为模式，开始控制自己。当你在某一领域重新控制自己，你就会有信心在其他领域得到改变。切忌脱离实际，无论你的恐惧行为模式是什么，都要做好准备，逐步改变。当你迈步踏出舒适圈，无论步伐多小，都要奖励自己。

当画面清晰地展现在眼前时，我们往往会多想几次，而这正是一个重复的过程，然而事实上，这是一种偷换概念的行为，但是我们已经被美好表象催眠，有句话叫作："谎言重复一千遍也会成为真理。"听者已经被大量重复信息催眠了。如果说一遍、两遍我们的左脑会通过评判机制将其抵挡在外，那么一个月、两个月甚至三年、五年每天循环灌输，再强大的评判机制也有被摧垮的一天。

人的一切行为都受到内心各种各样感觉的影响，这些感觉来自过去储存在大脑里的画面。最重要的是，这些画面在进入人的大脑时伴随着什么样的情绪体验，这种情绪体验会直接影响此人下一次在遇到同样事情时所采取的决定。人在快乐的时候，内心的阻抗与评判是最少的，此时发生的事情也最容易被接纳。不仅如此，人在面对变化万千的世界时，经常会有一种对"恐惧"这种感觉的忧虑，即我们所说的不安全感。而这种不安全感，会使我们在行动的时候犹豫不决。

除了广告，权威的催眠能力在很多别的场合也得到了体现。人们对权威的崇拜和对权威情结的迷恋，让他们对所谓的权威信服、听从。名人的成功带着人们所羡慕的光环，因此，名人在人们心目中已经成为一个羡慕、崇拜、想要模仿和接纳的榜样。名人的行为、语言甚至外在的装饰、声音、眼神都会被人们的潜意识接纳，达到催眠效果。

榜样的催眠力量在人类文明发展的过程中起到了相当重要的作用。他们的催眠效果，使后人不断传承他们所带来的美好东西，并且在传承的过程中挖掘深的层次、扩充新的内容、纠正现有的缺陷，加上时间的沉积，使得我们的认识水平不断提高。正如牛顿所说："如果说我有什么伟大之处，就是站在了巨人的肩膀上。""日韩流"，第几次催眠了你？从早期风靡大陆的《排球女将》《东京爱情故事》到后来的《蓝色生死恋》《浪漫满屋》，再到《来自星星的你》《继承者们》《匹诺曹》等，日、韩剧总是能在中国荧屏上刮起一阵收视旋风。

生活中，我们经常给自己制定目标。然而一旦目标实现不了，我们就会放弃这个目标转而寻求其他目标。遇到困难之后，我们应该想到的不是改变目标，而是变化方法接着去尝试。

每个人都追求完美，所以在人生的路上，我们往往会关注那些我们没有的品质、能力、经历等等。很多时候我们会做一些事情来弥补这种缺憾，以满足内心深处对完美的渴望。但在行动的过程中，自我认知与外部客观环境总有一定的差距，因此我们就会受挫，渐渐地就会积累很多的负面情绪。生命是一个不断完善与提升的过程，但有时，人们往往太执着于弥补自己的缺点，从而忘记真正的自我，在外界变化中不断失落而陷入痛苦。人总有一些"缺陷"是难以改变的，从另外一个角度来看，这些缺陷恰好也是让我们独一无二的特质。甚至在某些情况下，缺陷还让我们具有与众不同的魅力。

打破"柠檬市场"

"柠檬"在美国俚语中表示"次品"或"不中用的东西"，"柠檬市场"也就是次品市场。因为柠檬虽然为很多人喜欢，但毕竟有些涩，甜味不足，于是就被用来比喻性能和品质都比较差的低等商品。后来，经济学家更进一步，将交易低的商品和市场称为"柠檬市场"。

2001年，诺贝尔经济学奖被授予了三位美国经济学家：约瑟夫·斯蒂格利茨、乔治·阿克尔洛夫、迈克尔·斯宾塞，以表彰他们为信息不对称理论所做的贡献。

乔治·阿克尔洛夫一篇关于"柠檬市场"的论文曾经因为被认为"肤浅"，先后遭到三家权威经济学刊物拒绝。几经周折，该论文才得以在哈佛大学的《经济学季刊》上发表，结果立刻引起巨大反响。

按照这三位经济学家的观点，信息不对称，即在市场经济活动中，各类人员对有关信息的了解是有差异的。因此掌握信息比较充分的人，往往处于比较有利的地位，而信息贫乏的人，则处于比较不利的地位。依据该理论，在信息不对称的前提下，交易中的卖方往往故意隐瞒某些真实信息，使得买方最后的选择并非最有利于买方自己。

二手车市场上，买者和卖者掌握的有关汽车质量的信息是不对称的。卖者知道所售汽车的真实质量，但潜在的买者要想确切地辨认出二手车质量的好坏是困难的，他最多只能通过外观、介绍及简单的现场试验等来获取有关汽车质量的信息，而从这些信息中很难准确判断出车的质量，因为车的真实质量只有通过长时间的使用才能看出，但这在二手车市场上又是不可能的。

有一个二手车市场，里面的车虽然表面上看起来都差不多，但质量有很大差别。卖主很清楚自己车的质量，而买主则没法知道。假设汽车的质量由好到坏分布比较均匀，质量最好的车价格为50万元，买方会愿意出多少钱买一辆他不清楚质量的车呢？最可能的出价是 25 万元。很明显，如此一来，二手车价格在 25 万元以上的车主将不再在这个市场上出售他的车了。二手车的销售将进入恶性循环，当买车的人发现有一半的车退出市场后，他们就会判断剩下的都是中等质量以下的车了，于是，买方的出价就会降到 15 万，车主对此的反应是再次将质量高于 15 万元的车撤出市场。长此以往，市场上好车的数量越来越少，最终导致这个二手车市场瓦解。为什么会这样？

这就是一个典型的"柠檬市场"。卖主为了把车卖个好价钱，卖出更多的车，肯定会隐瞒有关车的性能、运行信息和发生事故与否等。于是，买者和卖者之间不能实现信息共享，卖方永远比买者拥有更多的信息。而买方似乎觉得所有的卖方都不可信任，买还是不买就拿不定主意，唯一的解决之道似乎就是拼命压价，但卖主肯定不会同意，可如果提价，买主也不同意。无奈之下，卖主要么低价卖出，要么将自己的好车开出二手车市场。长此以往，二手车市场上的好车越来越少，劣车占据了绝大多数，价格低廉、品质不好的名声就会越传越广，而前来买车的人的出价就只会越来越低。如同"劣币驱逐良币"，这种恶性循环的结果就是劣车将好车赶出了二手车市场，于是，"柠檬市场"上全是便宜货。

由上述分析可知，"柠檬市场"是道德松懈和信息不对称所带来的不良后果。在这里，良货消失，劣货畅销。

那么，"柠檬市场"该如何破解呢？

根据不同的经营理念，至少可以将企业分为两大类：一类是浑水摸鱼、过把瘾就死的企业；另一类是想持续成长、做大做强的企业，这类企业常常就是晋级行业领导者的"种子选手"。

对于前者，"柠檬市场"是他们的乐土；对于后者，"柠檬市场"则是品牌杀手。

在"柠檬市场"中，品牌商是最大的受害者，要摆脱"柠檬

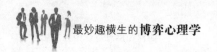

市场"之困，有两种方法：一是跳出，二是打破。

跳出"柠檬市场"，这是直觉的做法，但未必是一种长效做法。一般而言，通过差异化可以跳出"柠檬市场"，也可以因此取得丰厚的利润，但同时也会吸引其他品牌跟入，结果可能是从一个"柠檬市场"进入另一个"柠檬市场"。因此，对于品牌商而言，打破"柠檬市场"就成了他们必须实行的策略。

从"柠檬市场"的市场形成机制特点来看，要打破"柠檬市场"，建立常青品牌，有三个关键点。

1. 让消费者明明白白消费

一个不能或不敢让顾客明明白白消费的企业，一定不是一个好企业。一个想持久发展的企业，必须满足两个条件：一是要以一个领导者的身份，以提升消费者消费学习能力为首要任务，努力引导消费者理性消费，明明白白消费；二是企业能够向客户提供真正有独特价值或超值的产品或服务。可以想象，唯有真正的行业领导者或者具有行业领导者潜质的企业，才能同时做到这两点。

某家电品牌的售后服务曾做过消费者调研，当问到"售货员的产品介绍是否专业、是否全面"时，顾客的反映常常是不太满意：论专业，应该是比较专业的；但论全面，则不敢恭维，因为无论问到什么档次的产品，以及无论问到什么产品属性，回答一定是完美无缺。大多数顾客的消费决策模式是：同等功能的产品，选择价格偏低的品牌，或者选择大品牌同系列产品中的低端定位产品，这样才能保证不上当，或者少上当。

而这种基于心理价位的消费决策模式，恰恰就是"柠檬市场"中的消费法则，它让一些真正有价值的品牌产品失去了很多销售机会。麦肯锡一项调查显示，由于生活水平的提高和新品牌的不断涌现，美国消费者购物范围在扩大，而对品牌的忠诚度在下降。

面对消费者越来越理性消费的事实，为消费者提供更多的消费信息和消费学习的机会，应该是企业未来营销方式变革的主要方向。

2. 尽可能将市场中的"水分"挤出去

这就消除了别有用心者浑水摸鱼的机会。那什么是市场中的水分呢？这种水分就是一些低劣产品的不正当市场利益，而这种利益是利用信息不对称牟取的。给市场挤水分要求企业以身作则，如果企业一遇到利益诱惑，就"打劫"消费者，不仅会伤害自己的品牌，还扰乱市场秩序，从而给浑水摸鱼者以机会。

3. 勇于承担消费风险

企业主动承担消费风险，是与顾客建立信任关系的捷径，也是打破"柠檬市场"的有效手段。

为什么宣传单都要把重点放在左上角

了解了认知特性，就能明白我们认知设计的过程。接下来，为大家介绍几个人类认知的特性，我们一起来了解自己大脑有趣的工作原理和认知倾向吧。

玲玲在日本留学时，发现了一个奇怪的现象：在日本，整条鱼做菜上桌时，照规矩都要把鱼头摆在客人左边。发现这个规律后，有一次玲玲终于忍不住问厨师为什么要这么做。得到答案是：这样做主要是便于右手用筷子的客人从鱼头附近开始吃起；不仅如此，把鱼头摆在左边，客人会最先看到鱼头，这样会使整道菜看上去更加美味，更容易激发客人的食欲。

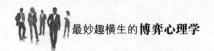

厨师的这个回答，看似稀奇，却是有科学依据的：人类优先左视野。我们可以从下面的日常生活体验中，证实这个论断。

我们一起来浏览一下下面这张超市宣传单。

香蕉 180 日元　　西红柿 150 日元

新鲜超市特价日

柿子 250 日元　　花椰菜 80 日元

第一眼看到这张宣传单时，我们会最先注意到什么内容呢？

曾经有人用这张宣传单对 100 人进行了一次简单的调查，结果，最先看到香蕉的人占 73%，最先看到西红柿的占 22%，而柿子和花椰菜分别占 3% 和 2%。也就是说，像这样一张载有多种信息的宣传单摆在面前时，大多数人都会从左上角开始看起，即大部分人都最先看到了左上角的香蕉。回忆一下我们看这张宣传单的过程，我们会发现：视线是呈"Z 字形"移动，即顺序依次为香蕉（左上），西红柿（右上），柿子（左下），花椰菜（右下）。其实，印刷行业很清楚大家的这种习惯，所以在设计宣传单时，会把极力推销的商品放在左上角。

那么，人类优先左视野又是怎么产生的呢？

这个问题的关键在于，眼睛接受的刺激是如何传达到大脑的。曾经有心理学家分析认为：视网膜中的视细胞将视觉信息转换为电信号，然后通过外侧膝状体传达至第一视觉区。左视野和右视野的信息传递虽然是同时进行的，但最终到达的目的地却存在微妙差异。实际上，左右眼的右半部分的视觉信息，通过视交叉传达至相反一侧的左脑。同样，左右眼的左半部分的视觉信息，则通过视交叉传达到了右脑。也就是说，左视野的信息，由右脑进行处理。人的大脑分为左脑和右脑，左右脑处理的信息不同。一般来说，右脑主宰艺术与直觉，左脑则处理理性的思考。

然而，现代的科学研究认为上述说法并不科学，相反左右脑之间是存在联系的，而且左右脑之间的差异并没有人们以前想象的那么大。左脑和右脑之间存在明确差异的，只有语言功能。有趣的是，大脑控制语言的功能与人是左撇子还是右撇子存在一定关系。左撇子中，60%～70%的人由左脑控制语言功能，15%～20%的人由右脑控制语言功能，其余的左撇子则左右脑都能控制语言功能。而97%～99%的右撇子，语言功能由左脑控制。

但另一方面，有调查数据显示，右脑更善于进行人脸的识别、大小的分辨、形状的分类，以及以视觉信息为基础进行的工作。这一点也许能够佐证我们优先处理左视野信息的能力是受右脑某种功能影响的观点。

了解"人类优先左视野"这个现象之后，我们也可以向聪明的印刷商学习，如果有机会涉及设计或宣传工作，记得把重要信息放左上角。此外，平日里的穿衣打扮等等，也可以充分利用这个感知现象，把重点呈现在左上边，让别人一眼便看到我们的亮点。

"4—3—2—1，1—2—3—4"法则

从对方口中套出实话时，我们可以运用"4—3—2—1，1—2—3—4"法则，这个法则的步骤是先提出4个真实的陈述，然后说出1个暗示；然后3个真实的陈述加上2个暗示；然后接下来2个真实的陈述加上3个暗示；最后，1个真实的陈述加上4个暗示。也就是说，陈述在逐渐减少，而暗示却在逐渐增多。这样的套取实话的办法可以引导对方接受自己的暗示，说出实话。

探员盖瑞天生是一个谈话的高手，对于他来说，任何对手在语言上都会有一定的破绽，而他总是能够很轻松地

抓住这些别人不易察觉的地方予以重点攻击，加上长期的工作经验更让他的语言技巧出神入化。你可能会以为盖瑞的词汇量非常丰富，会用许多华丽又犀利的话语来攻击对手，其实不然，盖瑞强就强在能运用最简单的语汇，让它们发挥出自己最大的作用。最重要的是，他能将这些技巧灵活地运用于生活中，无形之中让对方顺从于自己的语言逻辑。

某天，盖瑞正在审讯一个盗窃犯，这个人是个惯犯，已经有过多次的犯罪记录，每一次都能侥幸逃脱。但这一次他不再那么幸运，在警察的层层布局之下，他终于落入法网。因为明白自己的罪行无法豁免，这位盗窃犯在审讯室里相当不规矩，问他什么话他都不回答，还喜欢跟盖瑞兜圈子，或者故意声东击西扰乱盖瑞的思维。几个问题下来，盖瑞已经摸清了对方的脾性和招数，遂决定后发制人。

"你最好给我老实点，不要以为你什么都不说，我们就治不了你的罪。丽塔是你的女友吧，据我所知，她知道你的所有罪行，并且参与了你的部分犯罪活动对吧？你识相的话最好乖乖招供，否则让你可爱的女友牵扯进来，你们就要在监狱里面比翼双飞了。"盗窃犯愣了一下，因为他很保护自己的女友，从来不让她参与自己的行动，他不知道对方为什么会这么说，也可能是为了威胁自己。他反驳说："谁会信你的鬼话，所有的行动都是我自己一个人策划的，跟丽塔没有一点关系，你们别想要陷害别人。"盖瑞摇了摇头说"啊哈，小子，要我给你们找出证据来吗？你的罪行曝光，你的女友主动将你隐藏在她的家里。你感激你的女友，将所有的赃款都放到她的账户里。殊不知，这样其实是害了她。因为你的自私，你直接把你爱的姑娘推上了犯罪的道路；因为你的贪婪和胆小，你让你的姑娘成了你的替罪羔羊。因为你的无知，让那么好的姑娘白白浪费了自己的青春。你说你还算个男人吗？”

之后的谈话盖瑞便运用了“4—3—2—1，1—2—3—4”法则。“你最好老实地坐在那里（陈述一），同时要思考清楚（陈述二），仔细考虑好自己是不是要说实话（陈述三），你的选择必须要对你自己和你的女朋友有利（陈述四）。但是这件事情……（暗示一：告诉我这件事到底是不是你做的）。

“我们知道你是一个盗窃惯犯，并且因此而坐过牢（陈述一），坐监狱的滋味肯定是不好受的（陈述二），我想你也不会再想进到那里（陈述三）。所以我要你……（暗示一：我是和你站在同一条战线的），同时我也希望让你……（暗示二：明白讲出真话的好处）。

“我们知道你不想待在这里（陈述一），你知道我们的时间也是有限的（陈述二），老实交代，可能会让你……（暗示一：省去很多麻烦）。你也可以……（暗示二：尽快地离开在这里），同时你还可以……（暗示三：开启一段新的人生）。

“你很长时间都在街头游荡（陈述一），这是你重新生活的机会。为你自己……（暗示一：为自己思考一下），你……（暗示二：可以走上正路，获得新的发展）。你可以……（暗示三：重新正常的融入社会），而且还可以……（暗示四：照顾好你的女朋友，使其免受牵连）。”

被这么多反问句狂轰滥炸之后，盗窃犯仔细思考后，选择向盖瑞吐露实情。

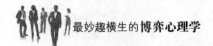

案例中的探员在和盗窃犯交锋的时候运用的就是"4—3—2—1，1—2—3—4"的战术，此种战术让盗窃犯陷入深深的思考，让他进行了仔细的权衡，结果是盗窃犯老实交代了自己犯下的错误。

此种战术在一定意义上也被称为是迷惑战术，因为"4—3—2—1，1—2—3—4"法则工作的原理是当大脑在接收了若干个它认定是真实的信息之后，就会认为这些信息之后的暗示也是真实的。所以，我们可以选择用真实或者假的陈述加上积极的暗示，来迷惑对方的心智。很多人都抵抗不住这种战术的魔力，他们的谎言也在这种战术下显得不堪一击。最终的结果是老老实实说出真相。

第十章　洗脑术
要如何选择有逻辑的思想控制

其实在日常生活中，我们也经常会做这样的事情，为了一张优惠券，而到某商场去消费，结果换回一包免费的咖啡豆；为了获得免费赠送的小礼品，而尽力地在该商场消费千元以上。然而，最后我们却发现自己并不喜欢吃咖啡豆，小礼品也不是自己十分需要的。这样，我们就不难解释，为什么人们总是会不由自主地抢购自己并不需要的东西。人心早已被免费的魔咒迷住，并没有仔细地想它有没有用，值不值得买。

登门槛效应：帮我个小忙吧

很多时候，人都会上当受骗，而上当受骗的主要原因是想让自己的言语，甚至是信念都要与自己的行为保持一致，否则就会感觉到有失尊严。我们可以发现一个人越自信、自尊心越强，他们就越有可能上当受骗。所以，很多时候如果一个人允诺了另一个人一件小的请求，那么为了让自己的形象保持完美，很多人都会应允随之而来的大的请求，上当受骗就成为在所难免的事情。

美国社会心理学家弗里德曼与弗雷瑟曾做过一个经典而又有趣的实验。

他们派了两个大学生去访问加州郊区的家庭主妇。其中一个大学生先登门拜访了一组家庭主妇，请求她们帮一个小忙：在一个呼吁安全驾驶的请愿书上签名。这是社会公益，而且非常容易做到，所以绝大部分家庭主妇都在请愿书上签了名，只有少数人以"我很忙"为由拒绝了这个要求。

两周之后，另一个大学生再次挨家挨户地访问那些家庭主妇。不过，这次他除了拜访第一个大学生拜访过的家庭主妇，还拜访了另外一组第一个大学生没有拜访过的家庭主妇。与上一次的任务不同，这个大学生拜访时还背着一个呼吁安全驾驶的大招牌，请求家庭主妇们在两周内把它竖立在她们各自院子的草坪上。

实验结果是：第二组家庭主妇中，只有17%的人接受了该项要求，而第一组家庭主妇中，则有55%的人接受了这项要求，远远超过了第二组。

通过这个实验我们发现，答应了第一个请求的家庭主妇表现出了乐于合作的特点。当面对第二个更大的请求时，为了保持自己在他人眼中乐于助人的形象，她们会同意在自家院子里竖一块粗笨难看的招牌。

一个人一旦接受了他人的一个小要求之后，如果他人在此基础上再提出一个更高的要求，那么，这个人就倾向于接受更高的要求。这样逐步提高要求，就可以有效地达到预期目的。这就是心理学家所谓的"登门槛效应"，将事情"大题小做"。

很多人为了达到自己的目的，常常会把别人请到饭桌上去谈事情。在这个场合上有的人认为可以先提大要求，当对方因为做不到而愧疚时，你再提小要求就更容易被满足，就可以达成自己的目的。但是对于不大熟悉的人，或是戒备心较强的人，开口求人则要学会"大题小做"，先提小要求，再提大要求。迈过了对方的第一道"门槛"，就可以登堂入室了。

日常交往中，经常用到这种效应。例如，一个推销员敲开门跟客户进行交谈时，他已经取得了一个小小的成功。在这种情况下，如果他能够说服客户买一件小东西的话，那么，他再提出进一步的要求，就很可能被满足。还有，我们小时候向妈妈提要求，比如"可不可以吃颗糖果"等，当妈妈答应的时候，我们往往会提出进一步的要求："那可不可以喝一小杯果汁呢？"妈妈通常也是会答应的。这一切，无不是先越过对方的心理"门槛"，然后步步深入，最终达到目的。

这样的做法是有一定的好处的，因为这样做可以起到逐步推进的效果。在我国，一向认为做事情要循序渐进，明代洪应明在《菜根谭》中有言："攻人之恶勿太严，要思其堪受；教人之善勿太高，当使人可从。"意思是，一下子向他人提出一个较高的要求，对方一般很难接受，而如果从小到大逐次提出要求，对方就比较容易接受。其实，很多骗子也明白其中的道理，他们也懂得逐步推进。这样能够起到两个效果，第一个效果是让对方放松警惕，第二个效果是让对方不好意思拒绝。那么，骗子究竟是如何运用这一策略的呢？他们会选择寒暄的方式来靠近被欺骗者，他们常常会说："我可以坐在这里吗？""请您喝一杯怎么样？"等等。当被欺骗者允许的时候，他们就会坐下来与其闲聊。整个过程都是温馨和谐的，慢慢地被欺骗者会放松警惕，甚至把骗子当作自己的朋友，这个时候骗子会请对方帮一个小忙，对方当然应允，之后是更大的要求，对方碍于情面就不好拒绝，只好帮忙，如此就会上当受骗。

这种心理会给当事人的决策产生很大的影响，很多人先用看似无害的小小请求让我们上当，一旦我们答应了对方的要求，他就会紧接着提出一个更大的要求。由于我们之前答应了他的请求，这时我们下意识就认为我们有帮助他的必要。我们认为这是没有关系的，但是事实是我们上当受骗了。为了避免这样的现象出现，当有人请求我们允诺某些事情时，即使这些事情看起来微不足道，我们也要小心。否则，我们就会陷入危机。同时，在做出答应小要求之后请求的决定的时候，要看看是不是出于自己的本心，是不是被自己的意识所绑架？

从众效应：你的脑子跟着别人走了

人在很多时候，上当受骗是因为心理问题。其中的一个重要心理症结就是盲目跟风效应，也就是我们通常所说的从众效应。所谓的从众效应是指当个体受到群体的影响（引导或施加的压力）时，会怀疑并改变自己的观点、判断和行为，朝着与群体大多数人一致的方向变化。也就是说，个体受到群体的影响而怀疑、改变自己的观点、判断和行为等，以和他人保持一致，也就是通常人们所说的"随大流"。

销售员："是刘总啊，您好，您好！"

客户："小汪啊，我上回看中的那辆尼桑，还没有谁付下订金吧？"

销售员："哦，那个车每位客户来了都要看上几眼。但一般人哪买得起，这不，它还等着刘总您呢。"

客户："我确实中意这辆车，你看价格上能否再优惠些，或者我换一辆价位低一点的？"

（小汪知道，换车只是刘总讨价还价的潜台词。）

销售员："价格是高了一点，但物有所值，它确实不同一般，刘总您可是做大生意的人，只有这种档次的车才能配得上你！开上它，多做成两笔生意，不就成了嘛。"

客户："你们做销售的呀，嘴上都跟抹了蜜似的。"

销售员："刘总，您可是把我们夸得太离谱了呀。哦，对了，刘总，××贸易公司的林总您认识吗？半年前他也在这儿买了这款车，真是英雄所见略同呀。"

客户："哦，林总，我们谁人不知啊，只是我这样的小辈还无缘和他打上交道。他买的真是这种车？"

销售员："是真的。林总挑的是黑色的，刘总您看您要哪种颜色？"

客户："就上回那辆红色的吧，看上去很有活力，我下午去提车。"

这个故事中的汽车销售员小汪，就是利用了刘总从众的心理——与林总那样的大老板用一样的车是多么的荣耀呀。这不仅是一种身份的标志，而且容易得到众人的认可。因为多数人的潜意识里都有向公众人物效仿的心理。小汪先是赞美客户，获得客户的好感，为最后的成交奠定基础；然后，使出撒手锏："对了，刘总，××贸易公司的林总您认识吗？半年前他也在这儿买了这款车，真是英雄所见略同呀。"看似不经意的一句话，其实是充分利用了客户的从众心理，通过他人认同影响客户，促使潜在客户做出购买决定。最后，销售员小汪成功销售了一辆价格不菲的汽车。

对销售员来说每天都会遇到不同的客户，各种类型的客户在不同的场景下所表现的反应可能完全不同，这就需要销售员与客户谈判时眼观六路、耳听八方，掌握客户心理，见招拆招，突破客户心理防线，促使顺利成交。利用从众效应达到欺骗的效果还

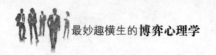

经常在日常的生活中出现。

妻子："听说小张买了房子，而且还是座小型花园别墅，总共有90平方米。真好啊！我们的一些朋友都已经陆续有了自己的家。唉，真是让人羡慕，什么时候我们也能和他们一样呢？"

丈夫："啊，小张？真是年轻有为啊！我们也得加快脚步才行，总不能在这里待上一辈子吧。可是贷款购房利息又沉重得惊人。"

妻子："小张还比你小5岁呢。为什么人家可以，你就不行呢？目前贷款购房的人比比皆是，况且我们家也还负担得起。试试看嘛！不如这个星期我们去看看吧。现在正是促销那种花园别墅的时机呢。买不买是另一回事，看看也不错！"

于是星期天一到，夫妇俩就带着孩子去参观正在出售的房子。

妻子："这地方真好啊！环境好又安静，孩子上学也近，而且房价也是我们负担得起的。一切都那么令人满意，不如我们干脆登记一户吧！"

丈夫："嗯，是啊！的确不错。我们应该负担得起。就这么决定吧！"

这句话正中妻子的下怀。她早看出了丈夫的决心一直在动摇，因而用旁敲侧击的方法让他做出决定。这是妻子的成功所在。

由此可以看出从众心理是一种赶时髦、追新潮、紧跟时代潮流的心理需求。在现代社会，人们受社会舆论、风俗习惯、流行时尚的引导，所见所闻对需求的触动很大，一般很多客户都会迎合时尚。

人性有很多弱点，从众就是比较典型的一个。从众效应也称乐队花车效应，来源于 1848 年的美国总统竞选。在 1848 年的美国政府中，专业的马戏团小丑丹·赖斯在为扎卡里·泰勒竞选宣传时，使用了乐队花车的音乐来吸引民众注目。此举为泰勒的宣传取得了成功，越来越多的政客为求利益而投向了泰勒。到 1900 年，威廉·布莱恩参选美国总统选举时，乐队花车已成为竞选不可或缺的一部分。由此学界产生了一个术语：从众效应，又被称为乐队花车效应。从众效应同样在平民中得到应验：在总统竞选时，参加游行的人们只要跳上了搭载乐队的花车，就不用走路，能够轻松地享受游行中的音乐，因此，跳上花车就代表了"进入主流"。于是，越来越多的人跳上花车。

正是因为从众效应可以左右一个人的思想，所以很多欺骗者常常运用第三者的故事对对方进行欺骗，以达到自己的目的，因此，我们要警惕从众效应的副作用，不能因为别人干什么，自己就要干什么，要有一定的鉴别的能力，否则就会上当受骗。

物以稀为贵

很多人上当受骗还和一种心理有非常密切的关系，这种心理就是总是觉得稀少的东西才是最珍贵的。人们这一心理的形成有一定的历史渊源，我们可以从许多珍贵的文物中找到答案。比如陶瓷，现代的陶瓷技术比以前要高出很多，瓷器也非常的精美，但是再精美的瓷器，与宋代的瓷器也是没有办法相比的，这是因为宋代的瓷器稀少。物以稀为贵的心理被人们运用到生活当中，成为许多人行骗的手段。经过研究发现，在销售领域利用"物以稀为贵"心理进行欺骗的事情经常发生。

　　夏季过去了大半，而某商场的仓库里却还积压着大量衬衫，如此下去，该季度的销售计划将无法完成，商场甚至会出现亏损。商场经理布拉斯心急如焚，他思虑良久，终于想出了一条对策，立即拟写了一则广告，并吩咐售货员道："未经我点头认可，不管是谁都只许买一件！"

　　不到 5 分钟，便有一个顾客无奈地走进经理办公室："我想买衬衫，我家里人口很多。"

　　"哦，这样啊，这的确是个问题。"布拉斯眉头紧锁，沉吟半晌，过了好一会儿才像终于下定决心似的问顾客："您家里有多少人？您又准备买几件？"

　　"五个人，我想每人买一件。"

　　"那这样吧，我先给您三件，过两天假如公司再进货，您再来买另外两件，您看怎样？"

　　顾客喜出望外，连声道谢。这位顾客刚一出门，另一位男顾客便怒气冲冲地闯进办公室大声嚷道："你们凭什么要限量出售衬衫？"

　　"根据市场的需求状况和我们公司的实际情况。"布拉斯毫无表情地回答着，"不过，假如您确实需要，我可以破例多给您两件。"

　　服装限量销售的消息不胫而走，不少人慌忙赶来抢购，以至于商场门口竟然排起了长队，要靠警察来维持秩序。傍晚，所有积压的衬衫被抢购一空，该季的销售任务超额完成。

　　商场之所以能够完成销售任务，转危为安，就是因为商场的经理运用了稀缺原理。客户因为担心错过，所以将积压的衬衫抢购一空。物以稀为贵，东西越少越珍贵。在消费过程中，客户往往会因为购买商品的机会变少、数量变少，而争先恐后地去购买，害怕以后再也买不到。销售员往往可以牢牢把握客户的这一心理，适当地对客户进行一些小小的欺骗，以激发客户的购买欲望，使销售目标得以实现。

　　有一个客户走了很多商店都没有买到他需要的一个配件，当他略带疲惫又满怀希望地走进一家商店询问的时候，销售员否定的回答让他失望极了。销售员看出了客户急切的购买欲望，于是对客户说："或许在仓库或者其他地方还有这种没有卖掉的零部件，我可以帮您找找。但是它的价格可能会高一些，如果找到，您会按这个价格买下来吗？"客户连忙点头答应。

　　当一样东西非常稀少或开始变得稀少时，它就会更有价值。简单说，就是"机会越少，价值就越高"。从心理学的角度看，这反映了人们的一种深层的心理，因为稀缺，所以害怕失去，"可能会失去"的想法在人们的决策过程中发挥着重要的作用。经心理学家研究发现，在人们的心目中，害怕失去某种东西的想法对人们的激励作用通常比希望得到同等价值的东西的想法作用更大。这也是稀缺原理能够发挥作用的原因所在。

　　在销售活动中，稀缺原理无处不在，销售人员设置的期限越短，其产品短缺的效果也就越明显，而引起的人们想要拥有该产品的欲望也就越强烈。这在销售员进行产品销售的过程中是很有成效的。因此，销售人员善于利用稀缺原理，把握住客户担心错

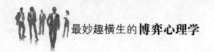

过的心理，打出稀缺的旗号，赢得成交。他们利用稀缺原理进行少许欺骗的方式主要有以下几种。

"独家销售"——别的地方没得卖，可供选择的余地小。

"订购数量有限"——获得商品的机会稀缺，极有可能会买不到。

"仅售三天"——时间有限，一旦错过就不再有机会。

"这是今年这个品牌生产的这一型号的最后一批汽车了，卖完就没有了。整个华南区也不过十几辆。"

"我们这一开发区就只剩下两块靠角落的空地了，这是其中一块。你不会要另一块的，因为它是东西向的。"

"这是我们在特定时段推出的限量特价，过了今天就不是这个价了。"

……

以上进行销售的方式就是销售人员利用制造产品短缺来引起的人们想要拥有的欲望，从而促进成交的方法。他们靠这种方式在向客户传达信息：除非现在就购买，否则要支付更多的成本，甚至根本就买不到。这无疑给客户施加了高压，使其在购买选择中被稀缺心理俘虏。这种方式往往能够起到良好的效果，为了达到这样的效果，即使产品有很多，他们也要制造稀缺的假象，目的就是完成欺骗。运用这种办法进行欺骗不仅仅发生在销售领域，在很多骗子身上也可以看到它们的踪影，所以，在碰到有人以稀缺来劝导自己干某事儿时，一定要擦亮自己的双眼，要对对方的话进行仔细的分析，并且经过严密的调查后，再做出决定，这样才可以避免上当受骗。

人们会按照自己的期望做事

我们都有这样的生活经验，那就是人们会按照自己的期望做事。这种方式甚至比把某件事喋喋不休地说 10 次更加有用，这就是心理学家眼中的期望效应。这一效应来源于斯坦福大学心理学系的罗森汉恩博士做的一个十分有趣的著名的实验。

> 罗森汉恩博士召集了 8 名精神正常的志愿者来到一所精神病院，告诉医生他们的幻听十分严重，但除此，他们的任何言行举止都完全正常。

> 医生经过检查与讨论之后，将这 8 个人之中的 7 个认定是狂躁抑郁症，另一个也被认为有精神障碍，他们全部被关进了精神病院。

> 在进了精神病院之后，这些假病人不再伪装幻听，他们的一切行为和举止都表现正常，身上也没有其他精神病理学上的症状，但是没有一个医护人员认为他们是正常人。

> 过了一段时间，这些假病人们要求出院，但是医护人员都觉得这些人是"妄想症"加剧，甚至还发明了精神病学的新术语来描述他们的状况。他们之间的聊天，被称为"交谈行为"，而他们为研究而做的笔记，则被记录为"书写行为"放在病历中。

> 如果不是罗森汉恩博士最终拿出了这些假病人签署实验的协议及他们在社会和生活中的成功证明，这些人恐怕会永远被关在精神病院。

这是多么危险却发人深省的实验！当一个人被医生认定患有精神疾病时，他所表现出的任何症状都会被视为反常。虽然是反面案例，但这的确是期望约束效应所产生的"严重"后果。当一个人被赋予了期望之后，那个期望将掩盖他的其他品质，这个人就会成为被期望所标定的人。

在上面的实验中，被期望蒙蔽了双眼的是旁观者，但实际上，期望效应更能够约束的，是被期望的人。当一个人被别人下了某种结论时，就像是被贴上了标签的商品，他自己在潜意识里就会做出相应的印象管理，以求自己的行为更符合期望所讲述的内容，这就是浅显易懂却意义深远的期望约束效应，通常也被叫作标签约束效应。

期望效应还被广泛运用在各个领域，最常见的就是管理领域。当一个人处于对方上级地位的时候，如果希望下属能够发挥更大的潜能，能够创造更大的价值，就应该对下属设置高的期望值，要对下属满怀期望，这种"降级拜托"的行为往往能在更大程度上激发起对方的干劲儿，使期望效应产生更大的影响。

即使不是对下属，期望效应也是大有用处的。当我们希望别人做到某件事的时候，也不妨这么对对方抱有期望，当然表达自己期望的方法就是赞美和恭维。

期待所加强的并不只有使命感，还有信心。要知道，大多数人对于一项艰巨的任务都是有畏惧感的，这时候你的期待尤为重要。"既然他都认为我可以，那么我就真的可以"，这样的思想会随着你的期待植入对方的心中，增强他的信心。

但是，适度地对他人寄予期望是一件好事，但如果超过他人的能力范围，期望过度的话，就会给对方造成沉重的心理负担，令人惶恐不安，进而产生反抗心理。为了避免期望产生副作用，需要注意几点。

（1）你的期望需要综合当事人的能力加以考虑，如果是对方根本做不到的事情，就会产生副作用；不过，期望对方解决其力所能及范围之内的困难，能够增加对方的满足感。

（2）当对方达到你的期望，别忘记赞赏他。

（3）如果对方没有达到你的期望，也不要指责他，应给他激励与安慰，顾全他的自尊和自信，这样更有利于你赢得人心。

在交谈的过程中，如果我们以下命令的方式，并且大声吼叫着要别人听话时，我们传递给别人的想法就是：我嗓门特别大，所以你必须听我的。但是，这并不能起到良好的效果，有的时候甚至会让对方产生逆反心理。此时，如果话声轻柔、直截了当地说出自己的期望，对方就会按照自己的期望去表现。

总之，给予对方适当的期望，能够满足对方实现自我价值的需求，同时还能够激发对方的责任感、自尊心、自豪感等一系列积极的心理因素，催促他听从你的指示，并且竭尽全力将事情做好。

环境不同，感觉不同

心理学家认为不同的环境带给人的感觉是完全不同的，也就是说环境可以影响人的心情，如此，要想在双方的博弈中占据主动地位，布置好空间就显得尤其重要。利用空间布置影响人的心情，进而从对方的表情动作中察觉对方是不是在说谎已经成为非常重要的甄别谎言、获得实情的办法之一。

首先，在布置空间时，我们会注重座位的安排。为了掌握谈话的主动权，会为自己和对方安排好各自相应的位置，尽量将对方安排在一个背光或较低的位置，这样就会让对方在印象上感觉自己处于弱势地位，那么对方肯定会因此心里不舒服。这个时候其实我们就已经占据了有利地位。在谈话进行过程中，我们可以继续牢牢抓住既得优势，不放过任何一个打击对方的机会。

若是想不到将对方安排在哪里，我们就将对方安排在一个他最习惯的位置。换句话说，就是他最常坐的位置。人们对习惯的地方会产生莫名的安全感，当坐到那里的时候，座位的方向一般有两个方面，一个是坐在对方的正对面，另一个是坐在对方的侧面。面对面坐着有一种距离感，双方都处于可以观察对方的最佳位置上，很容易产生视线冲突。而坐在侧旁的时候，就没有那么大的限制，在这种情况下，很容易产生某种连带感。通过实验可以发现，在生活中，将人们放到适合的位置上，让他人尽可能地感觉到轻松自由，更容易得到自己想要的信息。如果你想让对方感到轻松，就一定要知道哪些位置会让人感到轻松和愉悦。

这两种安排座位的方法是截然不同的，但是殊途同归，都是为了从对方的口中套取实话，并且能够取到非常好的效果。

其次，约谈的地点是非常重要的。首先，我们要做好的一项非常重要的工作，就是营造洽谈的气氛。气氛能够影响对方的心理、情绪和感觉，从而引起相应的反应。或许是冷淡的、对立的；或许是松弛的、旷日持久的；或许是积极的、友好的；也可能是严肃的、平静的；甚至还有可能是大吵大闹的……对于任何谈判者，理想的气氛应是严肃、认真、紧张、活泼的。在一个安全的环境中，人就不会变得紧张，如此，整个约谈的气氛会温馨和谐，对方吐露实话的概率也比较大。

再次，不要让摄像机给对方带来压力。我们知道压力是人体对任何需求所表现出来的一种反应，日常生活中人体所需承受的任何负荷或消耗都可视为压力。压力是个体对没有足够能力应对的重要情况、某个人或者某件事情所做出的情绪与生理的紧张反应。那些使人产生压力反应的事件被称为压力源。而对于整个谈话过程来说，摄像机就是压力源。当人感受到压力的时候，大脑就会分泌出肾上腺素等激素，通过血管传递到身体的各个部分，就引起了生理反应。这种压力使人感到恐慌、无助、灰心、失望，它还能引起身体和心理上的不良反应。在如此的状态下让对方配合自己工作，就是一件非常困难的事情。对方只有在身心轻松的情况下，才能更好地配合警方的工作。因此，最明智的做法就是在一个没有摄像机的房子里进行交流。如果避免不了使用摄像机，要做的就是调整摄像机的角度，最好把摄像机安排在与被约谈者视线不平行的地方，这样就能促进整个交谈的进行。

最后，不要让杂物遮挡了自己的眼睛。之所以建议挪开杂物，就是为了不让杂物遮挡自己的视线，以便观察对方的情感变化，最重要的是观察对方的眼神变化。

心理学家达尼尔曾说过这样一句话："敢于与对方做眼神接触表现了一种可信和诚实；缺乏或怯于与对方进行眼神接触可以被解释为不感兴趣、无动于衷、粗蛮无礼，或者是欺诈虚伪。"

事实也往往如此。一家医院在分析收到的大约1000封患者的投诉信后归纳出，大约90%的投诉都与医生同患者缺乏眼神接触相关，而这种情况往往被认为是"缺乏人道主义精神或是同情心"。

在谈话中，一个人是否能占上风，只需要30秒的时间。他们认为当视线接触时，先移开视线的人，就是胜利者。相反，因对方移开视线而耿耿于怀的人，就可能胡思乱想，以为对方嫌弃自己，或者与自己谈不来，因此，在无形中对对方的视线有了介意，从而完全受对方的牵制了。正因为如此，对于初次见面就不集中视线跟你谈话的挑战型对象，要特别小心应付。不过，同样是撇开视线的行为，如果是在受人注意时才移开视线，那又另当别论

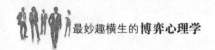

了。一般而言，当我们心中有愧疚，或有所隐瞒时，就会产生这种现象。要想洞悉对方的心理，就要观察对方的表情与眼神。而这一切的前提是挪开遮挡自己视线的杂物。

什么样的威胁最有效

威胁能够产生效力，是因为对方确信你会执行你所威胁的内容。如果在博弈中以威胁的手段寻求对方的合作，那么合作达成的关键就在于威胁的可信度有多高。威胁的可信度越高，合作的可能性就越大。

芝加哥经济学博士詹姆斯·米勒上大学时，在一所小学找到一份教四年级学生设计简单计算机程序的工作。由于缺乏经验，米勒犯了一个错误：他把自己当成这群小学生的朋友，并要学生称他为吉姆，而不是"米勒老师"。结果米勒的"亲和力"使得这群淘气的学生完全不把他放在眼里，课堂的秩序变得很难维持。后来米勒发现，学生们虽然不怕他，却怕他向父母们告状。于是米勒就用这种方法来管教学生，一旦学生不听话，米勒就威胁他们：如果再不听话，就把他们在学校里的表现告诉他们的父母。每当发出这种威胁时，学生们通常都会乖乖听话。

当你做出威胁时，你必须让另一个参与者清楚地知道，什么样的行为会得到什么样的惩罚。否则，对方就不能清楚地知道什么不能做、什么应该去做，从而对其行动后果判断失误。但是，威胁的清晰性不一定意味着简单的二选一，这样刻板的选择可能是一个拙劣的策略。

当一个公司对其工人许诺提高生产率就可以得到奖励时，奖金随产出或利润增加而增加的政策，与未达到绩效目标便什么也不给而超过目标时却奖励很多的政策相比，前者的效果将会更好。

　　一个威胁要达到其预想效果，就必须使对方相信它，没有确定性便不能取信于对方。确定性并不意味着完全无风险。当一个公司为其经理们提供股票红利时，所许诺的奖励价值是不确定的，它受许多因素影响却不受经理的控制。但是，公司应该让经理知道，红利这种即时绩效衡量指示剂，可以表现他可以得到多少份额，绩效是红利的基础。

　　确定性也不需要所有事情立即发生。分成许多小步的威胁和许诺，效果就很显著。当学生们考试时，总有几个学生在考试时间到了后还在继续写，希望能多得几分。准许他们再写一分钟，他们就会超过一分钟，再准许一分钟，他们再超过，直到五分钟，等等。考试拖延两三分钟就拒收试卷的可怕惩罚常常不可信，但是，每拖延一分钟就扣几分的处罚就非常可信。

　　承诺行动可以使威胁变得更为可信，其基本思想是通过限制自己的某些策略选择，从而使选择特定策略的意图变得可信。或者说，承诺行动是参与者通过减少自己在博弈中的可选行动，来迫使对手选择自己所希望的行动。其中的道理在于：既然对方的最优反应行动依赖于我的行动，那么限制我自己的某些行动实际上也就限制了对方采取某些行动。比如，当我发出威胁时，对方认为我可能会实施威胁的内容，也可能不实施威胁的内容，可是我发出威胁后以明确"承诺"的方式排除了"不实施"这一策略选择，那么威胁就会变得可信而发生效用。

　　除了以严格的承诺来使威胁变得可信，为了在实施威胁过程中维护自己的信誉和尊严，威胁方应该注意前后事件或行为的连贯性，因为后续行为能够增强前期行为的威慑效果。比如，在管教孩子的过程中，父母给孩子立了若干规矩，并威胁孩子说打破这些规矩将会受到严惩。一旦孩子真的打破这些规矩而父母不及

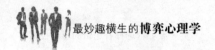

时按先前的威胁施以惩戒时，孩子就会变得越发难以管教。由此我们可以得出结论：虽然语言也可以作为一种承诺，但我们这里讲的承诺更注重落实在"行动"上。"行胜于言"是博弈论的基本教条，一个人嘴上可以说得天花乱坠，而真正产生预期威胁效果的总是行动。

"免费"让我们买了不需要的东西

每当节假日时，我们都能看到商场附近提着大包小包、满载而归的人们。如果问起这些物品的实用价值，人们通常会说："反正很便宜，先买了再说""看到别人都买了，我也就买了"……事实上，人们所购买的这些物品有些并不是自己需要的东西。那么，人们为什么常购买自己不需要的物品呢？

走进市场，看到各商家推出的营销广告，我们就明白了。"在该商场购买商品满 98 元，免费赠送食用油一瓶。""买高清 DVD 机免费赠送影碟""买 200 减 50，买 300 减 80""购买巧克力，赠送泰迪熊"……

我们看到这样的消息时，心中不禁会暗自欢喜，有免费的东西送，如此的好事我为何不参与。有的人甚至为了得到免费赠送的东西而购买指定的商品，不惜花时间排长队、疯狂抢购，然而到最后却发现这些东西，其实自己并不需要。为什么会有这样的不理智的行为呢？

科学家做过一个调查实验，调查 300 名低收入者与 300 名高收入者从超市所采购的商品，发现低收入者并非只挑选便宜的商品，他们会选择需要的商品，其中包括很多高质高价的实用性商品；而高收入者所采购的商品中也并不像想象中的那样高端，虽然多了不少高档商品，但其中也包括很多打折商品与实验人员预先摆放的购买就赠送礼品的商品。

这个实验让我们了解到，喜欢免费的东西不仅仅是爱贪图小便宜人的本质。贪图便宜是人们常见的一种心理倾向，我们在日常常生活中经常会遇到这样的现象，特别是在购买商品时，很多顾客对打折的商品、免费的商品可谓是趋之若鹜。

> 周末，辛磊的妻子要求辛磊陪自己逛商场，他们夫妻前往自己家附近的一个大型商场，刚到商场门口，两人就看到一幅幅打出一系列优惠活动的色彩鲜艳的广告海报，妻子兴奋地说："说不定有我们需要的东西。"
>
> 夫妻俩逛到家电专柜，看到有一项优惠活动是"买最新款超强纠错DVD影碟机，免费赠送十盘经典珍藏版影碟"。由于辛磊是个电影爱好者，家里收藏了各种各样的影碟，而妻子在他的影响下，也很喜欢看电影。
>
> 看到有免费的商品，辛磊的妻子很高兴，尤其是工作人员说这些是经典珍藏版的，一想到马上就可以回家看到精彩的电影，夫妻二人决定买回家去。而当把DVD和免费的影碟都搬回家时，两人才突然醒悟过来：其实自己并不需要影碟机，家里的这个也刚买没几年。为了得到免费的影碟反而多买了一台DVD影碟机，况且赠送的影碟大多是市面上常见的影片，与他们收藏的重复了很多，真是亏大了。

看来，免费对人们有着超乎想象的吸引力，以至于人们会产生一种非理性的冲动，见到免费的东西，不管需要不需要，都不顾一切地向前冲。

免费会给我们造成一种强烈的情绪冲动，从而很难认清免费物品的真实价值，只是觉得免费的机会难得，管它有用没用，反正获得了对自己没有什么坏处，否则对自己来说则可能是一种损失。

消费者会因为用比正常价格便宜很多的价钱购买到同样的产品，或额外得到免费的商品而感到开心和愉快。但是，很多时候，人们只看到了其中有利的一面，却忽略了不利的一面。

物美价廉永远是大多数消费者追求的目标，很少听见有人说"我就是喜欢花多倍的钱买同样的东西"，通常情况下，人们总是希望花最少的钱买最好、最多的东西。如果有免费赠送的，更觉得是额外的收获，喜不自胜。这都是人们占便宜心理的一种生动的表现。

其实在日常生活中，我们也经常会做这样的事情，为了一张优惠券，而到某商场去消费，结果换回一包免费的咖啡豆；为了获得免费赠送的小礼品，而尽力地在该商场消费千元以上。然而，最后我们却发现自己并不喜欢吃咖啡豆，小礼品也不是自己十分需要的。这样，我们就不难解释，为什么人们总是会不由自主地抢购自己并不需要的东西。人心早已被免费的魔咒迷住，并没有仔细地想它有没有用，值不值得买。

有一些娱乐场也采取一种免费策略，就是一对情侣光顾，其中女性可以免门票或相关费用，这样就吸引了女性顾客，但基本上这些女顾客都会带来消费能力强的男性顾客；游乐园对儿童免门票，吸引来的自然是带着儿童的父母。这种免费带出间接收费的策略关键是要设计出一套恰当的模式——既要能吸引免费的顾客带动人气，同时也要能以此为突破口，吸引更多顾客消费或让顾客免费进行其他消费。

免费的商品对人们而言，似乎没有什么损害和风险，事实上商品的价格都是用数字表示的，免费就等于零，而零在这里可能就不单单是一个价格了，它代表不需要任何付出和损失，这种免费能够引起人们强烈的情绪冲动，使我们失去理智，甚至轻易地落进别人的圈套。

"免费"，一个多么具有诱惑力，又让人激动的词汇，它让人们失去理智，冲动地消费。当我们在面对商家们种种所谓的优惠时，一定要擦亮眼睛，在心中斟酌一番，理性面对。

第十一章　低调的胜利者
在群体中如何做决策

> 不要过分依赖群体，对集体做的决策不要过于相信。对多人做出的决定充分考虑，冷静地用一个人的头脑仔细思考一下，这个决定是不是过于大胆和冒险了？如果我们自己是负责人，就更应该如此。因为最后，集体是不会为这个决定负责的。

人多为什么胆大

你有没有注意到，一个人单独在半夜看恐怖电影，会特别恐惧；但是如果跟朋友们相约一起看，气氛就会变得轻松点，没那么紧张。外出旅行也有类似的情况。当一个人徘徊在陌生的地方时，总会有某种好奇心和解放感而引起的兴奋，又会有点紧张。但是，和亲朋好友一起出去就不同了，即使对周围环境还不十分熟悉，也没有充分的计划，人也会变得大胆多了。

这种心理并不是在看恐怖电影或旅行时才会出现。在会场上，当大家一起自由地讨论想法，商谈战略时，比起每个人独自思考提出的意见想法会更大胆。在客观状况没有改变的前提下，仅仅是人数的增加，就会使大家变得自如洒脱起来，倾向于提一些更大胆的想法。同样，当一个人的时候，即使有恶作剧的念头，也往往不敢去做。可是当几个人聚集在一起玩得兴致勃勃时，即使没人带头也可能会这样去做。美国心理学家对此展开了研究，结果发现集体决策与个人决策相比，前者似乎的确更具冒险性的特点。心理学家在实验中先提供这样一个情境：有一个工程师，他已经结婚了，并有一个孩子。6年前他大学毕业便进入一家大型公司上班，工作稳定，收入中等，福利不错，将来还会有一大笔退休金，但是在退休之前工资不可能大幅度增加；另外，还有一家小型公司也在招人，工资很高，还有奖金与股权，可惜收入并不稳定。现在让大家为工程师做参谋，帮助他做出最符合自身利益的选择。实验中先让一些人单独提出建议，然后再组成小组，一起讨论，共同提出建议。结果发现，各人在团体决策下所提的建议比单独情况下所提出的要冒险得多。

人多变得胆大，还有更加极端的情况。如果世界杯足球赛在哪个城市举办，想必主办城市的居民必定会兴高采烈，但当地的警察肯定是高兴不起来的。为什么警察高兴不起来呢？因为"足球流氓"遍布各个足球场，会制造许多骚乱，严重威胁日常安全。欧洲的男子足球水平很高，欧洲的足球流氓也同样大名远扬，尤其是英格兰的足球流氓，足以使任何球场保安谈之色变。1985年5月，比利时海塞尔体育场欧洲俱乐部冠军杯赛决赛现场，由英格兰利物浦队和意大利尤文图斯队争夺冠军。比赛中途，利物浦球迷率先挑起骚乱，暴力冲突中双方球迷死46人，伤逾百人，上演了空前的惨剧。"海塞尔惨案"已经过去多年，然而球场暴力却有增无减。惨案愈演愈烈，国际足联前任主席布拉特已经一再指出，球场暴力已成为足球事业发展的毒瘤，也是足球运动的耻辱。那么，这阴魂不散、"我行我素"的球场暴力，究竟有些什么奥秘呢？

心理学家做出如下一些解释：首先，天生好冒险的人往往在集体中有较大的影响，他们更健谈，嗓门也高，因此容易让集体接受他们的主张。其次，当个人提出建议时，会由于不熟悉情况而心中没数，因此小心为上；而在集体讨论后，每个人对情况会

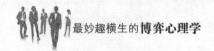

有更全面也更深入的了解，也就敢于提出冒险性的建议了。最后，集体中会发生责任分散效应，出了错，责任平摊，每个人所承担惩罚的较轻，因而易于主张冒险，而且一旦决策正确，各自所获得的利益并没怎么减少。

这个解释提醒我们，不要过分依赖群体，对集体做的决策不要过于相信。对多人做出的决定充分考虑，冷静地用一个人的头脑仔细思考一下，这个决定是不是过于大胆和冒险了？如果我们自己是负责人，就更应该如此。因为最后，集体是不会为这个决定负责的。三思而后行，以免最后没有在集体的力量下做出更好的决策，反而独自为集体的决策背黑锅。

为何观众看演出会"一呼百应"

人们在观看演唱会或晚会时，当看到舞台上某个演员演唱出自己熟悉的音乐时，往往会不自觉地跟着哼唱，以至于越来越多的人跟随着大声唱出来，把整个现场推向高潮。人们为什么会出现这种不自觉的行为呢？

很多人都有这样的体会，如果周围没有人认识自己，没有人际关系的束缚，哪怕一个害羞的人，在这种场合下也会大声唱歌、高声呐喊助威。因为当人把自己埋没于团体之中时，个人意识会变得淡薄。心理学将这种现象称为"去个性化"。

去个性化又叫个性消失，亦称去压抑化、去抑止化，是指个人在群体压力或群体意识影响下，会导致自我导向功能的削弱或责任感的丧失，产生一些个人单独活动时不会出现的行为。

这个概念最早是法国社会学家 G·勒邦提出的，意指在某些情况下个体丧失其个体性而融合于群体当中，此时人们丧失其自控力，以非典型的、反规范的方式行动。人们在群体中通常会表现出个体单独时不会表现出来的行为。例如，处在团体中的个体有时会跟着表现出一些暴力行为，而这种行为在他单独时并不会表现出来。

当人把自己埋没于团体之中时，个人意识会变得非常淡薄。个人意识变淡薄之后，就不会注意到周围有人在看着自己，觉得"在这里我们可以做自己喜欢做的事情"。人们都有这样的心理，反正周围也没有人认识自己，也没有人际关系的束缚，因此，害羞的人在这种场合下也会大声唱歌、高声呐喊。

此外，大声喊叫出来，也是一种释放精神压力的方法，可以使人心情舒畅。

虽然大声喊出来可以释放情绪，但我们把握不当这种去个性化的状态，持续发展下去，就会存在一定的危险性。当人的自我意识过于淡薄时，就会开始感觉什么事都不是自己做的。比如，狂热的足球迷，如果自我意识过于淡薄，就可能发展成危害社会的"足球流氓"。当然，"没个性化"并不会在所有情况下都能导致人丧失社会性。在保持着社会性的团体中，"没个性化"也很难使人做出反社会的行为。

心理学家金巴尔德曾以女大学生为对象进行了一项恐怖的实验。他让参加实验的女大学生对犯错的人进行惩罚。这些女大学生被分为两组，一组人胸前挂着自己的名字，而另一组人则被蒙住头，让别人看不到她们的脸。由工作人员扮成犯错的人后，心理学家请参加实验的女大学生发出指示，让她们对犯错的人进行惩罚，惩罚的方法是电击。

实验结果表明，蒙着头的那一组人，电击犯错者的时间更长。由此可见，有时，"没个性化"会让人变得很冷酷。

某媒体曾报道过这样一个事件。

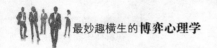

　　　　城市中心的一个高楼顶上有个小伙子要跳楼自杀，救护车、消防车呼啸而至，警察在为挽救生命而苦苦努力。而高楼下看热闹的人越聚越多，突然人群中有人大叫"快跳呀"，其他人也跟着附和起哄，最后在众人的"怂恿"和"鼓励"声中，年轻人对人间不再留恋，从楼顶飘然而下。

　　这个故事中，人们的行为是冷漠的，而造成这种情况的原因就是去个性化。在这种情境中，"看客"们每个人都不再是自己，而是一个"匿名"的、和他人无差别的人。在去个性化的情境中，人们往往表现得精力充沛，不断重复一些不可思议的行为而不能停止。人们会表现出平常受抑制的行为，而且对那些在正常情况下会引发自我控制机制的线索也不加反应。

　　金巴尔德认为，去个性化产生的环境具有两个条件：匿名性和责任模糊。匿名性即个体意识到自己的所作所为是匿名的，没有人认识自己，所以个体毫无顾忌地违反社会规范与道德习俗，甚至法律，做出一些平时自己一个人绝对不会做出的行为。

　　责任模糊是指当一个人成为某个集体的成员时，他就会发现，对于集体行动的责任是模糊的或分散的。参加者人人有份，任何一个个体都不必为集体行为而承担罪责，由于感到压力减少，觉得没有受惩罚的可能，没有内疚感，行为便更加粗野、放肆。

　　去个性化是一种自我意识下降，自我评价和自我控制能力降低的状态。个体在去个性化状态下责任意识明显丧失，会做出一些通常不会做的行为。如集体起哄、相互打闹追逐，甚至成群结伙地故意破坏公物、打架斗殴、集体宿舍楼出现乱倒污水垃圾等，都属于去个性化现象。

心理学家指出，在群体中的个人觉得他对于行为是不需要负责任的，因为他隐匿在群体中，而不易作为特定的个体而被辨认出来。这样他们溶化于群体中，有的成员甚至觉得他们的行动是被允许的或在道德上是正确的，因为集体作为一个统一体参加了这一行动。一般说来，一旦去个性化开始并聚集力量，就难以逆转或是停止。

去个性化心理是群体成员普遍具有的一种心理，既可能导致消极行为，也可能导致建设性、创造性行为。因此，我们要加强自我监督的管理和个人素质的提高。

协作中，找到自己的位置与方向

同美国其他一些著名的大学一样，哈佛大学有许多兴趣小组，比如合唱团、戏剧表演社团、各种体育项目俱乐部，等等。哈佛的学生通过参加这些组织的活动，能够积累团队合作的经验。而在哈佛，具备良好的团队合作精神，有助于你更有效地学习。为此，哈佛的教授们经常会布置团队合作作业，在完成过程中不但会让学生积累与人合作的经验，同时也有助于个人发现自己的优缺点。哈佛大学对团队协作精神的重视，由此可见一斑。

二战期间一次惊心动魄的大逃亡，可谓协作的完美典范，其任务之艰巨、涉及范围之广，令人难以想象。

在德国柏林东南部有一座战俘营，为了逃脱纳粹的魔爪，其中的250多名战俘准备越狱。在纳粹的严密控制之下，如果实施越狱计划，战俘们要进行最大限度的协作，才能确保成功。为此，他们进行了明确的分工。

　　这是一件非常复杂的事，首先要挖地道，而挖地道和隐藏地道极为困难。战俘们一起设计地道，动工挖土，拆下床板、木条支撑地道。他们用自制的风箱给地道通风，吹干泥土。他们还修建了在坑道上运土的轨道，制作了手推车，在狭窄的坑道里铺上了照明电线。所需的工具和材料之多令人难以置信，3000张床板、1250根木条、2100个篮子、71张长桌子、3180把刀、60把铁锹、700米绳子、2000米电线，还有许多其他的东西。为了寻找和搞到这些东西，他们费尽了心思。此外，每个人还需要普通的衣服、纳粹通行证和身份证，以及地图、指南针和食品等一切可以用得上的东西。担任此项任务的战俘不断弄来任何可能有用的东西，其他人则有步骤、坚持不懈地贿赂甚至讹诈看守以得到一些有用的东西。

　　在实施"越狱计划"的过程中，每个人都有各自的分工，做裁缝、做铁匠、当扒手、伪造证件，他们日复一日地秘密工作，甚至组织了掩护队，以转移德国哨兵的注意力。此外，他们还要负责"安全问题"。因为德国人雇用了许多秘密看守，这些看守混入战俘营，监视所有人，就是为了防止战俘越狱。而安全队则负责监视每个秘密看守，一有看守接近，就悄悄地发信号给其他战俘、岗哨和工程队队员。

　　由于众人的密切协作，在1年多的时间内，战俘们竟然躲过了纳粹的严密监视，完成了这一切。

　　如此多的人在如此艰苦的条件下越狱，若不能团结协作，根本不可能完成这件事，可见团队协作是多么重要。

　　在当今这个崇尚合作的社会，许多艰巨的任务，都是整个团队成员协作的成果，没有一个人能担当全部，一个人价值的体现往往就表现在与别人合作的上。来自哈佛大学设计学院的贝佛利对此的建议是："在一个团队中，即便你所担任的角色不是十分重要，但只要你积极并敢于付出你的热情，相信你的收获一定很大。"

与人分享自己拥有的，我们才能找到自己的位置和方向。生活中有这么一种人，他们能力超群，才华横溢，自以为比任何人都强；他们藐视人生规则，不把朋友的忠告放在心上，甚至连上司的意见也置若罔闻，在团队里，他们几乎找不到一个可以合作的朋友，这样的人让企业的管理者非常苦恼。

一个人不能单凭自己的力量完成所有任务，克服所有困难，解决所有问题，须知借人之力方可成事。善于借助他人的力量，既是一种博弈技巧，更是一种博弈智慧。

米歇尔是一位青年演员，刚刚在电视上崭露头角。他英俊潇洒，很有天赋，演技也很好，开始时扮演小配角，而今已成为主要角色演员。为了进一步提高知名度，他需要有人为他包装和宣传，因此需要有一个公共关系公司。不过，要创立这样的公司，米歇尔拿不出那么多钱。

偶然的一次机会，他遇上了莉莎。莉莎曾经在纽约一家很大的公共关系公司工作多年，她不仅熟知业务，而且也有较好的人缘。几个月前，她自己开办了一家公关公司，并希望能够打入获利丰厚的公共娱乐领域。但是到目前为止，由于她名气不够大，一些比较出名的演员、歌手都不愿同她合作。而米歇尔很看重莉莎的能力和人脉资源，不久，他们便签订合同，米歇尔成了莉莎的代理人，而莉莎则为米歇尔提供所需要的经费。他们的合作比较顺利，收

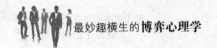

到了双赢的效果。莉莎自己变得出名了，并很快为一些有名望的人提供服务，得到了很高的报酬；而米歇尔不仅不必为自己的知名度花大笔的钱，随着名声的增长，自己在业务活动中也处于一种更有利的地位。

米歇尔发现了莉莎身上所蕴藏的财富，即使莉莎当时并没有显示出惊人的魄力，而事实上，正是别人眼中的这个弱者满足了米歇尔的需要，为他带来了巨大的声誉和财富。

在这个世界上没有完美的人，但如果人与人之间相互合作，形成"合作利用"的博弈关系，各方的收益都将有很大提升。

在现实社会中，不论在哪一个专业领域，仅凭一己之力就达到事业的顶峰，是非常困难的。真正能够获得成功的人，往往善于借助他人的力量。

聪明人的特征不仅在于智商高，还在于他懂得合作。只有合作才能各获其利，获得更大的发展。人们之所以合作，不仅仅是为了避免失败，减少过多的损失，更主要的是为了获得更多的利益。

节目结束为什么总有一些掌声先响起来

心理学上认为，能够在某件事情、某个观点，或者某种行为上影响他人的人，一定是一个与对方在该事情、该观点、该行为上相关的同路者，否则对方会将其视为陌路，进而不受其影响。我们的"铁杆同盟"便能充当这样的人。

从我们自身的角度考虑，当我们向他人施加影响的时候便应知道，欲影响他人，先要培养自己的"铁杆同盟"，这样才会通过自身的吸引力，对他人实施影响。提到此项方法的运用，不得不让人记起历史上最悠久的艺术——大歌剧的捧场现象。

1820 年，大歌剧刚开始在国外盛行，索通和波歇虽然都是商人，但他们同样都是大歌剧忠实的观众。他们在观看大歌剧时，从观众的掌声中，看到了商机。

于是，索通和波歇决定共同成立一个"喜剧成功保险公司"。而该公司经营的主要保险项目便是观众的掌声，他们的服务对象为歌剧演员以及剧院经理，因为这两类人希望得到观众认可和欣赏的掌声。公司的宗旨便是用自己人"虚假"的掌声，激发观众的真实掌声。

此项服务一经推出，就在各大歌剧院引起了强烈的反响。只经过了短短十年，捧场现象就遍及了全球大大小小的晚会，人们已经不足为奇。

随着该项行为的逐步发展，后来的经营者将其服务的项目逐渐扩大。比如，我们现在最常见的现象，当某个演员演完一个节目之后，台下往往会有一个或几个观众大喊"再来一个"；也有的情况是，现场的几个观众带头不停叫好，等等。

尽管这种现象早已被人们所熟知，但是人们在现实生活中还是会受该项行为的影响。所以，当我们试图影响他人为自己做事情的时候，便可以借助看似与他人处在同一个位置，实则是我们的铁杆同盟者的力量为自己服务。

当这些人坐在台下呐喊、吆喝、鼓掌、带头捧场的时候，真正的观众也会受其影响做出捧场的举动。因为这些演员及剧场经

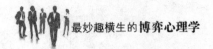

理的"铁杆同盟"所处的境地和真实的观众是一样的，因为他们和观众一样坐在观众席上，都是花钱从始至终看戏的人。尽管有时真正的观众不觉得话剧演员演得有多好，但是受到周围人的影响，他们还是会做出肯定的举动。

在推销中，这样的心理战术是运用得最典型，也是百试不爽的最好处方。例如，身为销售教辅资料的营业员史乐乐，在销售学生材料的过程中，便经常能够成功地运用此项法则，从而销售出更多的资料。

> 当有些顾客问她还有哪些比较好的复习资料时，史乐乐通常会拿出一本资料，介绍说："前几天，一个老顾客家的孩子，曾用过这本数学参考资料，他用过后说对他们现在的学习有很大的帮助，并且比较权威，这不，他刚才回来又把剩余的科目都各拿去了一本。"
>
> 在史乐乐向这个人介绍资料时，旁边经常站着同样来买复习资料的人。他们中有的是用过这本数学参考资料的人，有的是没用过这本数学参考资料的人。史乐乐通常会指着一个老客户说："不信，你问问这位大姐，她家的孩子常用我的复习资料。"
>
> 在这种情况下，那位被迫发表观点的"熟人"往往会说"还可以"这种不带任何感情色彩的中性词。这时史乐乐便会附和道："是吧！这本书确实不错，这几天很多人都过来找这本复习资料呢！"
>
> 听了这话，那些原本就有购买资料欲望的人，常会毫不犹豫地做出购买此资料的决定。对于周围那些不知道买哪种资料的人，当他亲眼看到有人购买了刚刚的资料时，

心里会习惯性地认为该资料应该不错，可以给孩子买回去试试，随之也会买同样的复习资料。

推销中将这种推销方式称为"恰当地使用证人"。心理学上认为，当人们不能准确地对自己所持的信息做出判断，或者对形式不是很有把握，即心中不确定性因素占据主动位置时，人们往往更易受到他人的影响。从影响力的角度而言，看似与人们站在同一立场中的你的"铁杆同盟"便是干扰人们，令其产生确定性心理的主要功臣。

其实，生活中的任何事情，都需要运用这种"证人"似的铁杆同盟。这样可以使人们自己也不知道什么时候会受到周围人的影响，更不知道自己为什么会受到他人的影响。所以，当有人询问人们是否会受到他人影响时，人们往往并不承认是受了他人的影响，但在做事情的时候，还是会在不知不觉中受到周围与自己相关或者相似立场的人的影响。

由此看来，人们就会更易受到那些"铁杆同盟"的思想及行为的影响。他们既然是我们的"铁杆同盟"，他们所持的观点、意见往往和我们是相同或者相似的，他们的行为也是你我所允许和支持的。换句话说，一定是对我们有利的观点及行为。

因此，当我们试图影响他人为自己服务、帮助自己做事情的时候，便可以借助看似与他人处在同一个位置而实则是我们的"铁杆同盟者"的力量，有效地影响他人。

同样的道理，当他人试图通过这种方式影响我们，让我们在不知不觉中听从他的指挥，受他的影响时；我们一定要睁大慧眼，保持清醒的头脑，觉察出对方的意图，从而成功摆脱他人对自己不利的影响。只有这样，我们才能有效避免他人的不良企图，防止上当受骗。

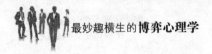

道德 VS 理性

科学家为了证明社会规律中的路径依赖，曾经做过这样一个实验。

> 一群猴子被关在笼子里，从笼子上方垂下一条绳子，绳子末端拴着一根香蕉，上端连着一个机关，机关可以开启水源。猴子们发现了香蕉，纷纷跳上去够这根香蕉。当猴子够到香蕉时，相连的绳子带动机关，于是一盆水倒了下来，尽管够到香蕉的猴子吃到了香蕉，但大多数猴子都被淋湿了。这个过程重复着，猴子们逐渐发现，吃到香蕉的猴子是少数，而其余的大多数猴子都被淋湿。于是，再有猴子去取香蕉，就有其他猴子主动去撕咬那个猴子。久而久之，猴子们产生了默契，再也没有猴子敢去取香蕉了。

在这个实验中，猴子间产生了"道德"。猴子们认为取香蕉的后果对其他猴子不利，因而取香蕉是"不道德的"，于是主动惩罚"不道德的"猴子。

在现实环境中，确实存在着一些道德因素，它可以化解个人理性与群体理性的矛盾，维系整个社会的稳定。

与法律一样，道德也是对某些不合作行动的惩罚机制。这种机制的出现使人类能够从囚徒困境中走出来。道德感很自然地使人们对不道德的或不正义的行为进行谴责，或者对不道德的人采取不合作的态度，从而使不道德的人遭受损失。这样，社会上不道德的行为就会受到抑制。因此，社会只要形成了道德或不道德、正义或非正义的观念，就会自动对相应行为产生调节作用。

但在日常生活中，单纯依靠对手的道德自律来达成合作是不保险的。针对这个问题，我们可以通过对道德因素的考虑，对博弈策略进行相应的调整，把交际变成长期的、多边的，从而形成诚实守信的动力与压力。

博弈论专家罗伯特·奥曼指出，人与人的长期交往是避免短期冲突、走向协作的重要机制。罗伯特·奥曼所指的长期交往即构建一个"熟人社会"，通过人与人之间的重复博弈来协调人们之间的利益冲突，增进社会福利。

譬如，在公共汽车上，两个陌生人会为一个座位争吵，但他们如果认识，就会相互谦让。在社会联系紧密的人际关系中，人们普遍比较注意礼节、道德，因为大家都需要这个环境。

在古朴乡村，犯罪率一般会很低，这是因为大家世代生活在一个村子里，经常见面而形成某种重复博弈，若做损人利己的事情，必招致对方的记恨及其他村民的道德谴责。而在繁华的都市，人们相对陌生，如果法制不健全，犯罪率就有可能升高。

从以上的比较中我们明显可以看出，在人群之间构建一个"熟人社会"，道德感将于其间承担重要且有效的约束作用，可以让人们维持长期的合作。

少数服从多数是必须的吗

我们常说"少数服从多数"，但事实上，真理往往掌握在少数人的手里，财富往往存在于少数人的手里，技术也往往掌握在少数人的手里。所以，我们在做事的时候，只要掌握了关键的典

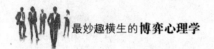

型的部分，我们也就掌握了最大的财富、真理和力量。人的精力是有限的，我们要把大部分精力用于重要的典型的事情，而不要浪费在不必要的细枝末节上。这就是典型思维。

> 在中国邮政储蓄银行某支行的所有客户中，大多数的客户是离退休人员，一到该发放养老金的时候，银行服务窗口前离退休人员就会排起长队，为此，他们曾经把工作的重心放在了为离退休人员服务上。
>
> 但很快他们就发现虽然在普通客户业务上花费了大量的时间和精力，但银行的业绩并没有提升。而且由于忽视了对高端客户的优质服务，让为数不多的大客户在服务窗口长久等候，这导致他们不满，使得银行出现了大客户流逝的现象。长此以往，银行的发展必然会受到很大的影响。
>
> 于是该支行又把工作的重心放在了巩固已有大客户和发展新的大客户上。他们积极发展商易通业务，为大客户提供了更方便快捷的服务，大大缩短了大客户办理业务的等待时间，大客户流失的问题也因此得到了解决。不久后，该银行就有了近百位大客户，银行的业务也有了增加。

正是及时改变思维方式，将"少数服从多数"的思维方式转变为典型思维，将精力集中在个别重要的大客户身上，该邮政储蓄支行才能"化险为夷"，取得出色的业绩。

19世纪末到20世纪初，意大利经济学家巴莱多在研究后发现：在任何一组东西中，最重要的往往只有20%，剩下的80%是次要的。这说明，不平衡是一种常见的社会状态。比如，商家80%的销售额可能来自20%的商品；市场上80%的产品可能是由20%的企业生产的；企业80%的利润往往是由20%的客户创造的；

销售部门业绩的80％往往是由20％的推销员带回的，等等。

事实上，"二八"法则在金融行业也是通用的，80％的财富和利润往往来自那20％的高端客户，自然他们也应该成为金融业重点服务的对象。当然，我们不否认客户与客户之间是平等的，每一个客户都是上帝，但这并不意味着商家就要认为所有顾客一样重要，就要在所有生意、每一种产品上付出相同的努力。人的精力是有限的，企业的精力也是有限的，如果把所有精力平均分配给每一个人，最终将捡了芝麻丢了西瓜，得不偿失，相反，如果将有限的精力和资源放在那些大客户身上，所取得的成绩将会是可喜的。

事实上，无论是投入还是产出、是努力还是报酬、是原因还是结果，它们之间的关系并不是对等的。"二八"法则告诉我们，做事的时候不能"胡子眉毛一把抓"，要抓住关键的少数环节，对于那些不能带给我们收益的事情要坚决放弃，这样才能最大限度地降低成本，在最短的时间里，收到最大的效果，谋求更大的收益。

胜出的中间派

参与博弈时，站在我们自己的立场上说，我们不应采用劣势策略，应该剔除它们；其他人也会这么做，因为没人愿意采用劣势策略。先剔除劣势策略，然后重新观察这个博弈，寻找是否有新的劣势策略，剔除它们，再重新研究，这样比较容易找到最终结果。这里有一个窍门，在剔除之前试着找出所有参与人的劣势策略，剔除它们，然后重新审视博弈，再次寻找所有参与人的劣势策略，再剔除它们。这样可以让你免于陷入困境。

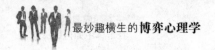

"沙滩卖饮料"（两人在沙滩卖饮料，顾客均匀分布且会去离自己近的摊位买饮料）这一博弈模型可以用于政治选举中的拉票分析，实际上这是政治领域中一个著名的立场选择问题，这个博弈模型是这样的。

假设有两个候选人 A 和 B，这两个候选人为了竞选必须确定自己的政治立场。他们是参与人，策略是要分别从一系列政治主张中选择一个政治立场。假设这一系列政治主张中共有 10 个立场，这 10 个立场我们分别称为：

1 2 3 4 5 6 7 8 9 10

靠近左边的立场代表左翼分子的立场，而右边则是右翼分子的立场。A 和 B 需要选择自己的政治立场。假设每一个政治立场都有 10% 的得票，它们平均分布；再假设选民会投票给最接近他们立场的候选人，出现平局时选票会分摊，即该立场的选票会被平均分摊。

假设这个博弈的收益是候选者希望尽可能最大化获得的选票，而且他们真的非常想获胜，因为获胜会带给他们巨大的收益，失败则一无所获。获得更多的票数意味着会获得更大的委任机会，或者把它看成是总统大选的初选，获得更多的票数对下一轮的选举有积极作用。

如果两人都选择立场 1 时，两人平局，各得 50% 选票。如果 A 选立场 2，而 B 选立场 1，B 会得到立场 1 的选票，而 A 得到剩余的 90% 选票，在这种情况下选择立场 2 比立场 1 好。

如果两人都选了立场 2，各得 50% 选票。

A 选立场 3，B 选立场 1，B 会获得所有立场 1 的选票和立场 2 一半的选票，就是 15%。如果 B 选立场 2，A 选立场 3，立场 1 和立场 2 的选票都归 B，会得到 20% 的选票。

A选立场4，B选立场1，B会得到立场1和2的全部选票，即20%，而A得到剩下的选票。如果A选4，B选2，B会得到立场1和立场2的选票以及立场3的一半选票，总共25%的选票，A得到剩下的选票。

以此类推，我们会发现，选立场2总会比选立场1多获得5%选票。

我们可以得出结论，立场2严格优于立场1，策略2严格优于策略1。同样，立场9严格优于立场10。我们不是说选立场2会击败选立场1的，或者选立场9能胜过选立场10的，而是优于。

需要注意的是，我们并没有说要剔除立场1或者立场10的选票。我们知道候选人不会选择立场1和立场10，因此我们要剔除这两个策略，但选票还是这样分布的。

剔除劣势策略1和10之后，与上面的推理类似，我们会发现策略3严格优于策略2，策略8严格优于策略9。以此类推，我们依次排除3和8、4和7，最终只剩下立场5和立场6，可以得出结论，候选人会选择立场5和立场6，二者中没有劣势策略。这个过程就是迭代剔除。

这是一个著名的政治学模型，预测最终结果是候选人会被挤到中间立场，就像两位哈佛教授最终都选择将摊位紧挨着摆在海滩的中心点上一样，候选人会选择与对手相近的政治立场，且相当的中立，这个理论被称作中间选民定理。

1960年，肯尼迪和尼克松竞选时，他们都聚集在中间立场。1992年，克林顿也采用一样的策略，他将民主党向右翼靠拢，变得中立，以此来拉拢中间选民并获胜。从美国历史上的选举案例里看，中间选民定理非常奏效。

经济学里面有一个类似的模型，它在经济学中的应用是产品植入。在产品植入领域里，假设考虑设立一个加油站，我们会希望加油站能均匀覆盖城镇每个角落，或者遍布整条公路，这样无论我们在哪里需要加油时，附近都会有一个加油站。但很不幸的是，如我们所知，加油站一般都设在相同的地点，趋向设立于同一个路口，为什么呢？因为它们都为了拉拢附近客源，或是那些刚刚耗完汽油的顾客而相互竞争，通过挤在一起是为了避免自己因为选址的问题而被淘汰出局。

在政治学中，这是关于候选人集中趋向中间立场，从而拉拢更多立场相近的选民的理论；在经济学中，其表现为商家普遍集中以争取附近的客源。

第十二章　谈判无处不在
如何通过讨价还价赢得你想要的一切

在生活中，谈判不仅仅是商务人士的事，也不仅仅是处理危机的手段。谈判是无处不在的，无论什么时候，当你和另一个人面对面地讨论一件事情的时候，谈判就可能悄然地发生了。这个时候，如果你没有技巧，或被情绪影响，或越谈越极端，那么就有可能落于下风。

谈判是协调利益、建立关系的过程

在生活中，谈判不仅仅是商务人士的事，也不仅仅是处理危机的手段。谈判是无处不在的，无论什么时候，当你和另一个人面对面地讨论一件事情的时候，谈判就可能悄然地发生了。这个时候，如果你没有技巧，或被情绪影响，或越谈越极端，那么就有可能落于下风。

现实社会其实就是一个大谈判桌，谈判的事物可大可小，大到解决国际争端，小到协调人际关系，生活中的一切都需要借助谈判。你看中了一套房子，而卖家却意外的棘手，他咬着自己的高价不放松，而你又想用尽量低廉的价格从对方手中获取自己的所爱，这时就需要谈判；你发生了一起交通意外，这时你和对方都想尽可能避开最大的责任，获得相应的利益补偿，这也需要谈判；你在公司待了 5 年，觉得自己应该获得与劳动相应的报酬，你去找老板提加薪的事，这仍然需要谈判。

哈佛谈判小组所著的《谈判力》中认为，每个人每天都要与别人进行谈判，比如，你会问你的爱人"亲爱的，我们去哪儿吃饭……"或者，你会对你的孩子说"宝贝，我觉得现在是你熄灯睡觉的时间了……"谈判是从别人那里获取自己所需的一个基本途径，是与谈判对象存在相同或不同利益时寻求解决方案的交流过程。

现代人十分注重自身的权利和利益，所以，冲突日益增多，需要谈判的场合也越来越多。大家都希望自己不受束缚，能够做自己想做的事情，做自己想做的决定，而不希望唯别人是从。但是，由于人与人之间的不同，我们需要用谈判来消除分歧。不论是在商界、政界还是家庭中，人们更多的是通过谈判来解决问题、做出决定。

谈判涉及的内容极其广泛，很难用一两句话准确、充分地表达，所以，要给谈判下一个准确的定义，并不是件容易的事情。谈判有广义与狭义之分，广义的谈判是指除正式场合下的谈判的一切协商、交涉、商量、磋商，等等。狭义的谈判仅仅指正式场合下的谈判。我们可以提取一些比较明显的特征，来初步认识一下谈判的概念。

1. 谈判是两方以上的交际活动

当谈判参与方想从对方手上获得自己所需，并为此而努力进行协商、辩论、试图说服对方的时候，谈判才能够成立。比如，商品交换中买方卖方的谈判，只有买方或者只有卖方时，谈判不可能进行；当卖方不能提供买方需要的产品时，或者买方完全没有可能购买卖方的产品时，也不会存在谈判。

2. 谈判是一种协调行为的过程

谈判的开始意味着某种需求希望得到满足、某个问题需要解决或某方面的社会关系出了问题。由于谈判参与方的观点、立场、利益不一样，他们之间势必会产生冲突和矛盾，但是，为了让谈话能够和平地进行下去，为了找到一个利益共同点，参与方就不得不相互协调。解决问题、协调矛盾是不可能一蹴而就的，总需要一个过程，这个过程往往随着新问题、新矛盾的出现而不断重复。

3. 谈判也与建立或改善人们的社会关系有关

社会是一个复杂的关系网，就商业活动来说，买方和卖方看似是简单的商品交易行为，但实际上是买方与卖方之间的关系建立与改善的结果。简单些说，当两家公司之间有良好的信任关系时，他们的谈判往往比较顺利。这也就是为什么很多公司进行商业谈判的时候，会在一开始尽量避免直接冲突，而是与对方建立良好的关系。人是感性动物，微妙的情绪、情感都可能会影响到一件事的结果，所以，很多愿意长久合作的商家，都会在谈判中建立或改善彼此的关系，促成谈判，同时，这种关系又为下一次谈判建立了良好的基础。

4. 利益是谈判的核心点

谈判者的目标就是满足自己的利益和需求，这是人们进行谈判的动机，也是谈判产生的原因。你和路边摊的小贩讨价还价，是为了用最低的价钱买到心仪的商品，但是小贩希望卖一个好价钱。你们都有需要，你需要商品，他需要货币，但是，在钱这个利益上有不同的立场，所以，你们要为自己的利益辩护，要说服对方。这里，交换意见、改变关系、寻求同意都是人们的需要。这些需要来自人们想满足自己的某种利益，这些利益包含的内容非常广泛：物质的、精神的、组织的、个人的，等等。当需要无法仅仅通过自身而需要他人的合作才能满足时，就要借助谈判的方式来实现，而且，需要越强烈，谈判的要求越迫切。

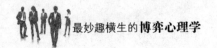

　　综上所述，我们认为谈判是参与各方出于某种需要，在一定时空条件下，采取协调行为的过程。

　　谈判有多种类型，此处有一个表格，使我们可以很清楚地区分谈判的几种类型。

谈判类型	目的	举例	谈判参与人员
商业谈判	公司之间谈判的动机通常是为了赢利	为满足客户需求而赢得一份合同；安排交货与服务时间；就产品质量和价格达成一致意见	管理人员 厂商 客户 政府 工会 法律顾问
法律谈判	这类谈判通常是正式的，并具有法律约束力。对事例的争辩与讨论主要问题一样重要	遵守地方与国家的既定法规；与主管部门沟通（如反托拉斯机构）	地方政府 国家政府 主管部门 管理人员
管理谈判	这种谈判涉及组织内部问题和员工之间的工作关系	商定薪水、合同条款和工作条件；界定工作角色和职责范围；要求加班增加产出	管理人员 员工 工会 法律顾问
日常谈判	这类谈判主要用于人际关系的建立和改善	夫妻协议性的对话；推销人员的产品推销	家人 朋友 陌生人

要原则式谈判，不要立场型谈判

人与人之间的距离越近，冲突就可能越多。随着冲突越来越多，需要谈判的场合也越来越多。正如早餐餐桌上发生的那一幕：你开始有主见的小儿子拒绝吃营养麦片，而你的太太则想尽办法让小家伙妥协，最终一个小时的看电视时间才让这个小家伙不情愿地就范，对吗？尽管谈判时刻会发生，但要谈出你期望的结果却不容易。如何进行有效的谈判，什么样的谈判方法更能有效地帮助我们达到谈判的目的，以及我们应该如何去进行谈判？这些正是我们要进行探讨的内容。

人们根据谈判时所持的态度，将谈判进行了分类：软式谈判、硬式谈判与原则式谈判。

软式谈判也称让步型谈判。其特征是谈判中的谈判者将谈判对方视为朋友，在谈判中以妥协、让步为手段，信守"和为贵"的原则，随时准备以牺牲己方利益换取协议与合作。这种温和式的谈判者总是避免发生冲突，不断地进行让步，最后发现自己被别人利用而不得不咽下苦果。听起来是不是很像公司里那个老实人和强势的老板之间经常出现的情况？强势的老板希望老实人更多的加班，而老实人虽然不愿意加班却又不想得罪老板。最后的结果是老实人毫无办法地继续加班。

与软式谈判相对的，是硬式谈判，也称立场型谈判。其特征是立场型谈判者视谈判对方为劲敌，强调谈判立场的坚定性，强调针锋相对。把任何情况都看作是一场意志力的竞争和搏斗，往往在谈判开始时就站在一个极端的立场，进而固执地加以坚持。

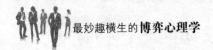

这类谈判者在谈判过程中很少顾及或根本不顾及对方的利益，以取得己方胜利为目的，立场坚定、态度强硬。硬式谈判看似不错，但如果对手也是个硬式谈判选手的话，这种针尖对麦芒的对碰结果往往是把自己弄得筋疲力尽，两者之间的关系也越来越糟。类似的谈判似乎经常会出现在夫妻／情侣之间。不论是什么原因开始的谈判，两个都不愿意让步的人最终往往会吵到不欢而散。

最后一种谈判方式——原则式谈判，也称价值型谈判。这种谈判，最早由美国哈佛大学谈判研究中心提出，因此又称哈佛谈判术。其特征是谈判者将谈判对方看作与自己并肩合作的同事，两者之间的关系既非朋友更非敌人。这种谈判方式中谈判双方的关系既不像软式谈判那样忽视己方利益的获取只强调维护双方的关系，也不像硬式谈判那样针锋相对，只顾己方的利益。原则式谈判的目的是竭尽全力在双方利益上寻找共同点，并以此为基础设想各种使双方各有所获的方案。

我们将这三种谈判类型进行列表比较，分析其优缺点。

谈判类型	软式谈判	硬式谈判	原则式谈判
与谈判方的关系	对方是朋友	对方是对手	双方是合作关系
谈判目的	维持双方关系	胜利	有效、愉快地取得双赢的结果
维系关系方式	为了友谊做出让步	要求对方让步作为维持双方关系的条件	把人和事分开
对人和事的态度	温和	强硬	对人温和、对事强硬

续表

谈判类型	软式谈判	硬式谈判	原则式谈判
信任度	信任对方	不信任对方	谈判与信任无关
采取立场	容易改变立场	固守立场不动摇	着眼于利益，而不是立场
对待对方的态度	给予对方实惠	威胁对方	探讨共同利益
谈判底线	亮出底牌	掩饰自己的底线	避免谈底线
利益获取	为了达成协议愿意承受单方面损失	把自己单方面获利作为达成协议的条件	为共同利益创造选择方案
解决方案	寻找对方可以接受的解决方案	寻找自己可以接受的解决方案	寻求多种解决方案，之后再做决定
谈判态度	以达成共识为目的	以坚守自己的立场为目的	坚持使用客观标准
意志	避免意志的较量	试图在意志的较量中取胜	争取基于客观标准而非主观意愿
压力	迫于压力而妥协	给对方施加压力	坚持并欢迎理性方法，只认道理，不屈服于压力
立场/原则	立场型谈判	立场型谈判	原则式谈判

从以上的列表分析对比不难看出，原则式谈判在软式谈判和硬式谈判的基础上扬长避短，强调公正和公平。这种不温和也不强硬的谈判方式基于使双方尽可能实现双赢，当双方不在立场上彼此计较，而是基于道理与原则，原则式谈判可以让你得到你想要的结果，同时，又能保护自己不被对方利用。也正因如此，这种谈判方法可以被用在各种场合，可以是和你太太商量去哪儿度假，或者和她谈如何进行离婚时的财产分割，甚至经济诉讼案、石油合作谈判。任何人都可以使用这种谈判方式来解决问题。

如果单纯地从谈判的目标出发，任何一种谈判手段都可以达到我们需要的结果，但是其他的谈判方法会在立场上纠缠不清，使双方无法完成以下三个基本准则：是否有达成共识的可能；谈判是否有效率；谈判是否增进或至少不损害双方的关系（双赢的协议是指协议尽可能保障双方的合法利益，公平解决双方的利益冲突，协议持久性强，并考虑了社会效益）。

纠缠在立场上，谈判的双方就会因各自的立场不同而讨价还价，越是保护自己的立场，立场就越坚定，就越想让对方同意并站在自己的立场上思考问题，之后死守住自己的立场，直到把自我形象上升到自我立场的高度，之后的谈判就变成了维护自我形象的过程，把今后的行为与过去的立场联系起来，双方的谈判目的从最初的利益达成共识变成了颜面之争。

我们看这样一个故事。

约翰的太太露易丝希望在情人节收到约翰送出的情人节礼物，她的利益初衷是希望和约翰进行一次度假旅行。而约翰希望在情人节那天带她出席一个酒会，因为约翰答应了他的好友会和太太一起出席好友举办的情人节酒会，

于是约翰拒绝了太太的请求。之后，他们就如何度过这个
情人节开始谈判，这个过程并不愉悦。因为露易丝觉得约
翰没有和她商量就擅自做出决定这很不尊重她，没有表
现出对她的体贴与爱护，之后开始不停地列举平常生活
中的琐碎小事，争吵不断升级之后，她开始站在维护自
己在家庭中的地位与形象的立场上与约翰辩论。而约翰
觉得自己一家之主的地位受到了挑战，也开始从太太不
可理喻的思想出发与她辩论。最终的结果是谈判破裂，
二人不欢而散。

其实约翰和他的太太都没有想明白一个事实，即他们的初
衷，都是希望度过一个让两人都非常愉悦的情人节。

从这段不怎么开心的经历中不难发现，当双方的精力投入到
立场上时，各自关心的问题——如何度过情人节被忽略掉了，达
成共识的可能性也随立场的改变而变小了。最后谈判的结果也许
只是机械地反映各自最终立场的差距，而不是真正地考虑双方最
初的谈判话题，结果自然也不会让双方感到满意。

其实这件事还没结束，毕竟约翰的太太露易丝的气还
没消，而情人节还要过。作为绅士，约翰先使自己的头脑
冷静下来，开始安慰太太，等她平静之后又和她谈论如何
度过这个情人节。当他们彼此妥协达成一致的时候已经是
深夜了，两个人精疲力竭。尽管变更了几次立场之后，最
终找到了一个妥协的办法。

但这个讨价还价的过程消耗了大量的时间和精力，这也就是
纠结在立场上缺乏效率的典型。

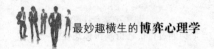

至此，这个故事还没结束，这一年的情人节过去了，但两人的结婚纪念日快到了……没错，为了如何度过结婚纪念日，约翰夫妇又经历了这样一次痛苦的谈判过程，这次一开始，露易丝就很抵触，因为上次谈判中约翰曾经对她说："我绝不会让步的，除非和我一起去酒会，否则就别过情人节！"

当一方看到自己的合理要求由于对方的强势而得不到重视时，负面情绪往往占据上风，这种纠缠在立场上的谈判影响了双方之间的关系。

当然，更糟糕的情况是，他们之间的谈判牵扯到更多的人，比如约翰的岳父岳母、约翰的父母、约翰和露易丝的朋友们。结果不会因他们的加入而变得容易，反而会更糟糕。

那么，如果从一开始的谈判中约翰就做出让步呢？是否结果会更好？

不，事实并非如此，如果一直向太太妥协就要牺牲约翰的钱包了，这并不是最好的解决办法。他们其实应该尝试第三种方式，也就是原则式谈判。

原则式谈判是个通用性的策略，它与其他的谈判方法最大的不同在于，无论谈判中需要解决的是一个问题还是多个问题，是一方参与谈判还是多方参与谈判，无论是有程序的还是无程序的，无论对手是有经验的谈判者还是熟悉谈判方法的对手，原则式谈判都不会让谈判过程因此更加艰难，而是更大程度的简化。

谈判有两个层次，简单的层次就是解决实际的问题。而更深一层则是关注解决实际问题的程序。你可以把它看作"游戏中的游戏"，比如你谈判的目的是得到更多的薪水，你采取的谈判方式会决定你的薪水标准，也会有助于建立游戏规则，使得谈判以原有的方式继续进行下去，让你下一次加薪的谈判依照此规则进行下去。这就是我们在探讨的谈判方法——原则式谈判。

依照原则式谈判的思路，在哈佛大学"哈佛谈判项目"的研究中，罗杰·费希尔和威廉·尤里对谈判过程的关键点重新进行了诠释，如下：

关键点一：人

原则式谈判——将人与问题分开

关键点二：利益

原则式谈判——集中在利益上而不是在立场上

关键点三：方案

原则式谈判——创造对双方都有利的交易条件

关键点四：标准

原则式谈判——坚持客观的标准

这四个问题，我们都将在后面的章节中进行详尽的探讨。

你来决定谈判节奏

假设你的上司让你加入一个项目小组，我们可以把它看成一个大议题——"去不去"，但是，你并不能将这个议题看成是单一的，而是应该将其分割成不同的成分或者阶段的小议题来进行讨论——"什么时候去""以什么身份去""去多久"，以及"如何安排善后"等。

同样，当你想跟老板要加薪 5% 时，也可以切割成"什么时候加""分几次加""在什么前提下开始加"等小议题来讨论。同时，我们还要合理安排，对于这些小议题，我们分别应该使用多长时间，比如，讨论"什么时候加薪"这个问题的时候，可以快速地带入，直接进入主题讨论，然后花大部分时间加以探讨。又或者，在"在什么前提下开始加"的时候，将其放在讨论的后期。

这种对整体时间和小议题分割的掌控，我们称为谈判的节奏。简单地说，就是问题怎么安排，相应阶段的时间长短如何控制。在谈判中，也就表现为什么时候提出条件，用怎样一种技巧和方式提出来，争取最大利益应该安排在什么阶段，什么时候可以适当地进行一些妥协，等等。因为节奏要是安排不好的话，会直接影响到谈判的结果。

一般情况下，我们将谈判分为三个阶段。

初期——关键词：迅速

在谈判开始之前，我们自然要花大量的时间掌握尽量全面的信息和咨询，以助我们能够有充足的准备来应对谈判中可能出现的问题，制定应对的措施。所以，当一切准备就绪，开始谈判的时候，就需要我们很快地进入主题讨论中，不要先就一些无关紧要的问题讨论半天，让人疲倦了之后才开始解决关键问题。尽早揭露双方的分歧和冲突，就关键问题进行谈判。

中期——关键词：平稳

问题已经暴露出来了，就需要就双方的冲突和利益点进行探讨，逐步消除双方的分歧。我们可以在一开始就解决一些非原则性的问题，算是缓和整体的谈判氛围，创造一种友好平和的谈判气氛。当然，还需要适当保留一些，以便能够在后期的时候让谈判表现得更有弹性。然后，再去处理争议较大的问题。无论你是否处于弱势，千万不要一开始为了制造和谐氛围而刻意妥协，谈判中的妥协是一种技巧，是可以存在的，但是，不能让妥协暴露出你的弱势心理，更不能让妥协成为对方扼住你咽喉的理由。所以，哪怕已经做好了妥协的打算，也需要适当地往后安排。这样，不仅增大了前面的谈判弹性，也能够给对方一种暗示——我的妥协是逼不得已的，是非常珍贵的，所以，牺牲的一些利益需要你给我适当的补偿。这是一种讨价还价的策略。

后期——关键词：快慢结合

这一阶段主要解决的是一些比较复杂的、争议比较大的谈判问题，有时候，甚至会触及原则问题。而就这一点来说，这个阶段的节奏更能表现出谈判双方的心理素质和水平。能够快速解决问题，扫平障碍固然是好，如果不能的话，就需要耐下心来打慢牌，给自己一些时间去思考如何处理那些争议，得到意料之外的解决技巧。

谈判的阶段划分也是需要我们慎重思考的一个问题，不能单就时间来安排，这还需要考虑到谈判内容的难易程度、谈判项目的大小。但是，主要的方向还是较为统一的。我们要明白，这里的知识信息只是为我们提供一种参考方案和大致方向，具体到每一个谈判中，我们都需要结合实际情况来进行方案的制订和谈判攻略的选择。

接下来，我们来看一个案例，巩固一下我们对时间节奏的理解。

在美国，当戴尔电脑、沃尔玛公司、家得宝公司等大企业与日本企业进行商业往来时，一般都是由这些公司先准备好对自己有利的合同，并要求日本企业全部接受。

某日本中型企业向美国的某大型企业提供电脑配件，本来这家日本企业已经决定不谈判直接签约了，但最后还是找到某事务所委托其为自己争取一些利益。事务所人员看了双方的合同，果然多数条款都是对美国企业有利的。事务所指出其中一条，美方公司向日方公司发出的订单，在送货上门前，有权随时取消。这一条是十分重要的，因

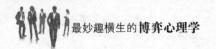

为日方企业的配件都是根据对方的规格、型号要求进行生
产的，如果生产已经完成，而对方取消了订单，就将给日
方公司带来大危机。同时，事务所人员还发现另外5个原
则性强、利益争议性很强的问题。最后，他们决定采取一
种"高起点出发"的策略。他们连同合同中另外5处原则
性不是很强的合同条款，一起向美方公司提出修改意见。
美方公司自然会进行辩驳，在中期阶段，日方公司逐渐放
弃了原则性不是很强的5项条款的修改要求，而坚持了原
则性很强的5项条款不动摇。无论对方如何反驳他们的意
见，他们都坚持不松口。最后，5项原则性条款得以修改。
日方企业为自己争取了最大利益。

本来是一个一边倒的合同，最后却能够化解危机，在处于弱
势地位时争取到相对有利的条件，不得不说，这和节奏的掌控是
有密切关系的。

经典的让步策略

在谈判中，有些时候我们会处于劣势。一些没有经验的谈判
者可能会对此束手无策或争取利益不当，从而导致谈判失败或陷
入僵局。其实，这种情况下的明智之举，应该是通过巧妙的让步
策略来化险为夷，在形势尽可能允许的情况下最大化自己的利益，
最终完成谈判。

具体如何去做呢？首先，我们假设自己的让步分为4个阶段，
将让步利益的总份额分为18份。以下8种方法就是针对不同情况
的参考策略。

第一种，这种策略适合应用于我们处于劣势，或者我们与谈判对方关系较好的情况下。

让步策略：18—0—0—0，即在一开始就全部让出可让利益，而在随后的三个阶段里无利可让。

策略优点：这种让步策略坦诚相见，比较容易打动对方，使对方采取同样的回报行动来促成交易成功。同时，率先做出大幅度让步会给对方以合作感、信任感。直截了当的一步让利也有益于速战速决，降低谈判成本，提高谈判效率。

策略缺点：由于一次性大步让利，有可能失掉本来能够争到的利益；这种让步操之过急，会使对方的期望值增大而要进一步讨价还价，强硬而贪婪的对手会得寸进尺，而己方可出让利益已经全部让出，因此在后三阶段皆表现为拒绝，这样一来就可能导致谈判陷入僵局。

第二种，当我们急于成功，但所处形势不利时，适宜于这种让步策略。

让步策略：14.7—0.3—0—3，即在让步的初期就让出绝大部分可让利益，紧接着大幅度递减，以至在第三阶段为零，最后又反弹，在适中程度上结束让步。

策略优点：这种让步策略显现了突出的求和精神。一开始就做出极大幅度的让步，增大了对方实行回报的可能性。在第二阶段中让步份额锐减，以至在第三阶段为零，这可能打消对手进一步要求让利的期望。最终又让出小利，既易显示己方诚意，又会让对方适可而止，满意签约。此种策略虽然藏有留利动机，但客观上仍突出的是以和为贵的精神，让步的艺术性较高。

策略缺点：在初期即大步让利，显现出软弱的倾向，如果对手强硬、贪婪，会刺激他们变本加厉地进攻。在第三阶段时完全拒绝让步，可能会使谈判出现僵局。

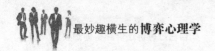

第三种，当我们处境危险，又不愿使已付出的代价作废时，以超限额的让步为代价来挽救谈判，可以促成交易成功。这种策略富于戏剧性，它要求谈判者富有经验、讲求技巧、灵活运用，适用于处在僵局的谈判或危难性的谈判。

让步策略：15—3—3—3，即在前面两个阶段中就全部让出可让利益，到第三阶段是赔利相让，只是在第四阶段以其他的方式讨回赔利相让的利益。

策略优点：这种让步策略在前三阶段超限额地做出让步，因此具有很大的吸引力，易使陷入僵局的谈判起死回生。在对手获得满足感后，又巧妙地在最后一个阶段以其他方式讨回超额付出的利益，极富冒险性与技巧性。

策略缺点：前三阶段即超份额地让出可让利益，会导致对手期望增大。如果在第四阶段向对方回讨利益不成功，则会损害本方的利益，甚至导致谈判破裂。

第四种，这种策略适用于讨价还价比较激烈的谈判。在缺乏谈判知识或经验的情况下，以及在进行一些较为陌生的谈判时运用这种策略，效果会比较好。

让步策略：4.5—4.5—4.5—4.5，即在让步的各个阶段中等额地让出可让利益，让步的数量和速度都是均等稳定的。国际上将这种挤一步让一步的策略称为"色拉米"香肠式谈判让步策略。

策略优点：这种策略对于双方充分讨价还价比较有利，容易在利益均沾的情况下达成协议。由于让步平稳、持久，步步为营，这样不仅使对手不会轻易占到便宜，而且如果遇到性急或没有时间长谈的对手还会因此占据上风而获利。

策略缺点：平淡无奇的让步模式不仅让步效率低，还会消耗双方大量的精力和时间，使谈判成本增高，而且容易使人产生乏味疲劳之感。由于对方每讨价还价一次都会获得等额的利益，这就刺激他们要进一步等待而使己方出让更多利益的欲望。

第五种，此种策略宜用于竞争性较强的谈判中，而在具备友好合作关系的谈判中不宜使用。不过，这种策略要求谈判者本身应富有谈判经验。

让步策略：2.4—0.9—5.1—9.6，即在开始时在较适当的起点上让步，然后在第二阶段做出减量让步的姿态，给对方一种已接近尾声的感觉。如果对方仍紧追不舍，再大步让利，最后在一个较高的让步点上结束。

策略优点：这种让步策略富于弹性和活力，如果对手缺乏经验和耐心，则可为己方保住较大的原可出让的利益。这样，后两步的大让步将让你的谈判对手发现他对谈判成功把握较大，从而促成谈判完成。

策略缺点：前三阶段让出利益忽少忽多，容易使对手感到己方诚意不足；前两阶段与后两阶段相比，出让利益反差较大，对方又会因此而增高期望值，可能会力图继续讨价还价，增加不必要的麻烦。

第六种，要使用这种谈判方法，必须是在以合作为主的谈判情况之下。

让步策略：9.6—5.1—0.9—2.4，即在较高的起点上让步，然后依次减少，到最后阶段反弹在一个适中的量度上结束让步。

策略优点：这种让步策略在让步初期以高姿态出现，因此具有较强的诱惑力。到第三阶段仅让微利，易使对手形成尾声感，从而保留部分可让利益。对方若再坚持，又会以再获适中的让步利益而产生满足感。柔中有刚，诚中带虚，应用这种策略，谈判者将收到更好的效果。

策略缺点：前两阶段让步幅度较大，容易使强硬的对手认为

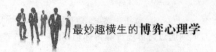

让步方软弱可欺，从而加强进攻。另外，让步幅度前两阶段大，后两阶段小，容易给对手以己方诚心不足的感觉。

第七种，假如谈判一方对谈判的期待值比较高，那么这种方法将是最佳的选择。

让步策略：7.8—5—3.4—1.8，即让步幅度在四个阶段中由大到小，渐次下降，在最后一期让出较小的利益。

策略优点：这种让步策略给人以顺其自然的感觉，易于为人们所接受。由于采取一步更比一步谨慎的策略，一般不会出现失误，同时也可以防止对方猎取超限额的利益。这是谈判中最普遍采用的一种让步策略。

策略缺点：对手会形成越争取，所获让步利益份额越小的消极感，谈判终局的情绪不会很高。由于它是谈判者惯常使用的让步手法，因此也较乏味。

由于对交易成功依赖性较大，那么就理应以较大的让步率先做出姿态，并顺乎自然地依次递减让步，对手也不易对此产生反感。

第八种，这种让步策略适用于对谈判的依赖性比较小、不怕谈判失败，因而在谈判中占有优势的一方。

让步策略：0—0—0—18，即在前三个阶段己方坚持寸步不让，态度十分强硬，只是到最后阶段一次让步到位，促成谈判和局。

策略优点：前三阶段的拒绝与强硬，向对方传递了己方的坚定信念。如果对手缺乏毅力与耐心，有可能使己方在谈判中获得较大利益。当己方在最后阶段一次让出全部可让利益时，对方会有险胜感及对己方留下既强硬又出手大方的强烈印象。

策略缺点：这种谈判方式一开始就毫不让步很容易使谈判陷入僵局，并可能导致谈判破裂。这样，风险性将随之增长，并且还会让对方认为己方缺乏谈判的诚意。

不要忽略建立关系的机会

不把对方当人，忽视他们的反应，往往会给谈判带来灾难性后果。在谈判中，不论什么时候，从着手准备到后续工作你都应该问一下自己："我对人际关系问题是否足够重视？"

受聘于哈佛商学院与法学院的古翰·苏布拉曼尼亚教授指出："我的印象是，信任、共识与关系，在中国式谈判中最为关键。展开任何谈判前，必须谨慎地花时间建立关系及信任。但在美国，很快就可以进入状态。"所以，根据情况的不同，希望拥有长期的关系或者期望与对方将来也有一些交流的谈判者，在交往中参与得更多、投入得更大。处于长期关系中的人拥有一个开发得很好的，和对方的反应同步的移情系统。拥有亲密和长期关系的人更容易和对方协调，因此，比那些人经历感情传染的可能性更大，简言之就是交换关系。

有一种说法是，先做朋友再做生意。就是说，双方在进行某种利益、需求交流之前，要先建立关系。谈判，免不了定价格、谈费用、要支持等，因为立场不同、观念不同、要求不同，谈判就免不了发生冲突。但是，我们要明白，冲突的焦点在于自身或者所代表公司的利益冲突，并不是双方个人关系的冲突。如果能够在谈判桌上谈得一清二楚，能够确定的地方确定下来，不能确定的地方再等领导定；而不是谈判过后，因为谈判中害怕冲突，而谦让很多，导致公司利益受损，反而会在心中结下一个疙瘩。比如，当我们与代理商进行销售任务与费用支持谈判的时候，我们可以在谈判桌上讲得一清二楚，而不至于糊里糊涂，影响公司的正常发展与双方的私人关系，双方合作起来也会很顺利。

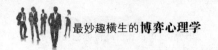

我们已经说过，谈判者应该站在利益上，而不是立场上。这种利益和立场的微妙关系，就表现出每个谈判者的两种利益。

实质利益	关系利益
让每个谈判者都想达成满足自己实质利益的协议，这正是人们谈判的原因。这是谈判的本质和需要根本解决的利益	保持与对方的关系，可以创造和谐的谈话氛围、社会联系，这种利益更为长远

我们可以来看看下面这一段对话。

　　玩具店老板："嗨，先生，欢迎光临本店，请问有什么需要我帮助的吗？"

　　买家："呃……我女儿生日快到了，我想给她买一些小姑娘喜欢的玩具。"

　　玩具店老板："（指向一个古董毛绒兔）先生你看这个怎么样？它的品牌和质感是本店性价比比较高的，而且，这是一只古董兔，很有历史的，这款已经绝版了，审美和收藏是很有价值的。而且，女孩儿对小兔子这类可爱的小动物也是没有抵抗力的。"

　　买家："嗯，这个很不错，我想我的小柯丽尔应该会喜欢的！这个怎么卖呢？"

　　玩具店老板："哦！先生，您太幸运了，今天是我们开店两周年，这个毛绒兔原价150美元，现在打8折，120美元。"

　　买家："呃……可是我觉得还是有些贵！你知道，一个玩具，我实在没必要花这么多的！"

　　玩具店老板："可是，先生，我看得出来您很爱您的女儿，而且，女孩子生日时总是想收到一些与众不同的礼物，你知道，孩子的心有时候是很敏感的。如果只是普通的玩具，她们会觉得，爸爸似乎没有那么爱我了，他只是在敷衍我！因为我自己也有孩子，这些小家伙有时候是很难伺候的！"

买家："是啊！这些天使有时候也是小魔鬼，闹得人不消停呢。"

玩具店老板："先生，要不然这样吧，为了庆祝您女儿的生日，我再给您打个折，100美元，如果您真的喜欢的话，这个价钱已经很合适了！这也是我能够做得最大的让步喽。"

买家："呃……好吧。那帮我包起来吧！为了可爱的小天使！"

玩具店老板："为了可爱的小天使！帮我向您的女儿转告，我祝她生日快乐！"

买家："谢谢。您真是一位很不错的店家，以后我会常来的！"

玩具店老板："先生，这是我的名片，有事可以联系。像玩偶的清洁和修理工作，你都可以直接给我打电话的，我们提供上门服务！"

买家："哦！这真是太好了！谢谢！"

从这段对话里面，我们可以看出，玩具店老板既想要卖出玩具毛绒兔，又想要让买家成为老顾客。卖方的两种利益就表现得比较明显。如果出于店铺的长远发展考虑，店家与买家保持良好关系更重要。如果店家更看中是否将玩具卖出去这个事实本身，而不在乎是否受到对方的尊敬或喜爱，以牺牲人际关系为代价换取实质利益。那就会让买家觉得"既然你无法和我保持一致的想法和观念，那就算了"。不过，有时在实质问题上妥协也不能换来良好的关系，只会让对方觉得你好欺负。这个度是需要我们来掌控的。

双方的合作关系至少应有助于达成一个兼顾双方利益的协议，当然还有更重要的目的。多数谈判是在人际关系不断发展的情况下进行的，因此谈判是围绕着促进人际关系及为以后的谈判铺路的目的而展开的。事实上，在和许多长期客户、商业伙伴、家庭成员、同行、政府官员，以及不同的国家进行谈判时，维持关系的意义远远高于某个谈判的结果。

其实，解决实质问题和保持良好的合作关系并非矛盾，只要谈判各方能够在心理上做好准备，依据其合理性分开处理这些问题，并愿意为之付出努力。这样就要求我们能够有更为准确的解决问题的方向。

认知要正确：能够坚持自己的观念，理解对方的观点，对整个谈判的本质问题有正确的了解，不要轻易带入个人情绪。

交流要精准：不要用带有歧义的语言去阐述或者回答问题，说话要有逻辑性，同时，要明白人情交流的内涵。

眼光要长远：以能够建立关系，顺利完成下一次愉快谈判为基础来进行这次谈判。但是，不要指望通过一味牺牲来换取自己的利益。

人们在谈判中容易忽略的是，不仅要面临对方的人际问题，还要处理好你自己的人际问题。你的愤怒和沮丧可能会妨碍你和对方达成一项有利于自己的共识。你的认识可能是片面的，你可能没有充分倾听对方，没有进行充分的交流。下面介绍的一些方法对谈判双方解决人际问题都适用。

最重要的是要对谈判环境进行考虑。考虑你和对方之间是何种关系？考虑强硬地讨价还价是否会被人含恨接受？你的声誉会因此受到影响吗？你与对方在何种框架下进行互动？比如，你可能已经很好地估算了议价区域并出色地向对方解释了你的报价，但是如果你忽视了你的战术对你与谈判对方关系的影响，那么最终的协议还是无法达成。或者不仅无法达成协议，还会破坏你和对方之间的关系，同时还会让你的声誉在谈判桌上毁于一旦。所以，你的辩解应该建立在你对谈判对手需求的理解和对你们之间关系敏感性的理解之上。你的目标不应该只是在实现利益最大化的同时维持谈判双方之间的关系，而是既要做一笔大生意，又要增进你和对方的关系，还要提高你的声誉。你可能因此需要放弃一些短期收益以实现你的目标，这种付出往往是值得的。

在谈判中掌握主动权

谈判不是即兴表演，它需要用很长一段时间准备、预测和谋划，要研究和分析一切有利于自己和不利于自己的因素，并尽量收集一切可以借助的力量。这才能为谈判打开有利于自己的局面，掌控谈判的主动权。

什么是谈判的主动权呢？

在谈判中，主动权就是能够按照自我意愿行事的权力，这种权力会因为你地位、环境等的变化而有所变化，同时，你能够掌控局面，引领对方做出有利于自己的选择。

比如，两家公司进行商品交易，供给和需求是很重要的衡量因素。买方的需求越大，在没有其他合作对象的时候，或者即使有合作对象也不及原供给方的时候，对供给方来说就越有利，供给方就很有可能处于主导地位，掌控主动权。而当供大于求时，有很多同样质量的商品供买家选择，那么这就对买家有利，供给方就处于下风。同样道理，律师要向委托人提供高水平的法律服务，满足委托人的要求；送货员要保证物品完好、准时运送至指定地点；餐厅要提供美味的菜肴，以及良好的就餐气氛，等等。只有保证了这些，才能得到较好的评价，其需求量也会增大，需求量越大，在谈判时对自己就越有利。

可见，掌控谈判的主动权和实际情况是有密切联系的。这种主动权是你身边所有因素的集合，是你能够动用的所有力量的集合。但并不是说，有了这些力量，你就一定能够赢得谈判的最终胜利，这些只是谈判前主动权的影响因素。如果仅仅在谈判前就能够决定谈判中的一切，那么谈判也就没有存在的必要了。

那么，在谈判进行时，能够影响主动权的因素又有哪些呢？我们要怎样才能谋取谈判的主动权呢？下面有几个关键词来方便我们记忆。

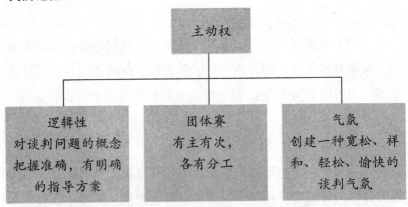

我们先来说逻辑性。谈判的逻辑性表现在说话要思路清晰，要谨记自己提到过的关键词、关键数字、关键问题，前后不能矛盾，无论是闲聊还是在严肃环境下，否则很有可能被对方抓住把柄，变得被动。

我们要做的，是用清晰的逻辑、思路、观点，让对方逐渐从他自己的想法中跳脱出来，与我们的观点并行。这就要求我们十分清楚自己的谈判目的和问题的本质，你要把自己对谈判的分析进行仔细梳理：

我方和对方的利益点分别是什么？

双方有无共同利益？

问题的实质是什么？

解决这个问题的方案会不会过多地伤害彼此的利益？

……

很多有助于谈判的问题，都要事先进行梳理，并且牢记。同时，你也要清楚，谈判虽然可以说是一个战场，但是你并不一定要把对方杀死，你的目的并不是战胜对方，获得胜利，而是在彼此可以建立长久社会关系的前提下，进行自我利益的最大化。所以，你可以为自己争取附加价值，却没有必要咬住所有的利益不放。

现在，我们再来看看团体赛。这种方式是商业谈判最为需要的。因为，凡是重要的商业谈判，往往都是团体赛，是两个智囊团的博弈。所以，要管理好一个团队，就需要明白主次分明、分工明确的道理。也就是说，如同戏剧一般，一场谈判需要主角和配角的相互配合，主角是核心人物，配角则要为这个核心人物服务。主角负责在重点问题上梳理思路、解决问题，而配角不仅要再次表明主角的重点，或者将主角不便说的话讲出来，同时，还要为主角可能出现的口误或者漏洞进行补救。这两种角色只有配合到位了，整场谈判才能够默契进行。

最后，我们再来谈谈气氛。商业谈判要努力创造一种和谐的交流气氛。凡是商业谈判，双方都想通过沟通交流，实现己方的某种意图。所以是一种对立统一的关系。因此，就需要一个宽松祥和、轻松愉快的谈判气氛。因为大多数人在轻松和谐的气氛中，

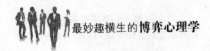

能耐心地听取不同意见，给人以更多的说话机会。高明的谈判者往往都是从中心议题之外开始，逐步引入正题，正是所谓"功夫在诗外"。什么天文地理、逸闻趣事、个人嗜好、小笑话，等等，可视对方的喜恶选择谈论的题目，谈酒可以成酒友，谈烟可以成烟友，谈网可以成网友，谈戏可以成票友。同学的同学可以成为同学，老乡的老乡可以成为老乡。某一方面的喜恶和见识都可能使谈判双方成为"知音"。如果能使对方有一种相见恨晚之感，谈判就有了一个很好的基础。轻松和谐的谈判气氛，能够拉近双方的距离。切入正题之后就容易找到共同的语言，化解双方的分歧或矛盾。

不要设定对方的意图

在谈判的策划阶段谈判方要重点考虑人的问题。因为人是谈判中最复杂且多变的因素，许多谈判会因为人的变化而产生微妙的变化。

假设谈判双方陷入尴尬或艰难的境况，这时该如何处理？假设彼此间出现了认知上的差异又该如何解决？假设情况恶化到出现了情绪上的冲突，又该如何解决？

如果放任这种情况继续恶化下去，那么有关谁的意图如何的话题就会变成在陈述事实的时候双方辩驳的核心内容。继续下去就和立场型谈判中互不让步互相攻击的过程没什么区别了。如此看来，如何有效地在谈判过程中管理好意图，是促使谈判双方走向原则式谈判，不纠结立场的关键点之一。

什么是意图？

意图，是希望达到某种目的。设定对方的意图，会在很大程度上影响我们的判断，比如，当我们固执地认为某人有意伤害我们时，我们对待他的态度往往会非常严苛。

所以，在这种情况下，我们要做的就是不要轻易设定对方的意图，让矛盾与意图无关。

当我们认为某人丝毫不顾及自己的行为会对我们造成影响时，我们会为此而迁怒于他们；当我们面对别人给自己造成的麻烦或不便，而对方能说出一个合乎情理的理由时，我们通常都会理解和接受。尽管两种情况都会对我们造成影响，但是我们的反应相差十万八千里。在意图的战争中，我们总认为对方是故意伤害我们，尽管对方从不承认。这样我们与对方之间的关系就会陷入恶性循环，并且根本不知道如何才能打破这一循环。我们没有意识到，这个过程中，有两个错误——我们错误地猜测对方的意图；而对方也没有花时间了解他的所作所为给我们带来的感受和伤害。

那么，这种情况又是如何产生的呢？我们又是如何从理智变成主观地猜测对方的意图的呢？

从现实来看，其他人的意图只会出现在他们的头脑和心里，我们不可能真正了解，我们只是通过自身的感受和观察，假设对方的意图。但假设源会受我们自身的影响，我们基于对方的行为对我们造成的影响，做出了关于他们意图的假设。下一步就是用最坏的假设来猜测对方的意图，认为他们想伤害我们，认为他们有意冷落或轻视我们，等等。

这种对对方意图的假设往往都是在无意识中产生的，以至于我们根本没有意识到自己的这一结论其实是一种假设。我们沉浸在自己假想的环境里，完全相信自己所描述的对方的意图，根本不去想对方可能是另有他意。

为什么很多时候，我们关于对方意图的假设通常都是错的呢？

当你去医院看病受到怠慢时，你总是下意识地认为医院的医

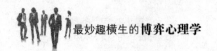

生在开小差；当你收到一张找回的假币时，你总下意识地认为这是那个狡猾的营业员故意为之。我们对待自己总是会格外宽容，而以一种很严厉的态度将事情的责任归咎于对方。

如果我们的假设都是错的，那么不良意图是否存在呢？当然存在，不过不良意图对我们造成的伤害要比我们想象的小很多，而且在没有聆听对方的描述之前，我们是根本无法了解他们的真实意图的。

看到这里，我们能够明白，轻易地设定对方的意图会影响到我们对客观谈判的判断，包括对对方人品的了解，对语言的解析，等等。这种错误归结他人意图的行为有可能会使我们自己付出昂贵的代价。

我们认定不良意图背后代表的是人的不良品性。我们会从不良意图，延伸到这个人不是好人，我们对他人品性的判断会为我们对他人的评价染上浓烈的感情色彩，而这一判断影响的不仅仅是谈判，我方与对方的关系也必然会受此影响。我们对某人品性的评价越差，就越容易产生有意回避他的想法，而我们在背后说他坏话的可能性也越大。

当你发现自己有了"对方好像想要控制整个谈判场面"或"他看上去就是一个不好沟通的人"的想法时，请你先问问自己：为何我会产生这样的观点？这些观点是基于什么事实形成的？

如果你是因为感到自己无能为力，害怕受人操纵或是害怕谈判失败而有了这样的想法，那么，请注意：你的结论不过是以对方的行为对自己所造成的影响而形成的，这些事实并不足以帮助你确定对方的意图或品性。

错误地指责他人的不良意图会引起更坏的结果。对他人意图的假设会直接影响我们的谈判，我们会指责对方的意图，并认为这样做可以让对方了解我们所受到的伤害，我们心中的失落、愤怒及困惑，然后希望通过这样的方式取得更多的理解，纠正对方的不当行为，让对方为自己的错误致歉。这样，谈判就开始出现了针锋相对的情绪和立场。

正如哈佛大学第 24 任校长普西所说的，倘若你因为某件事而痛苦，事实上，使你痛苦的不是这件事的本身，而是你自己的判断或思想。而此时此刻，你就有权利来改变这个判断！

第十三章　看谁在说谎

如何 5 分钟内识破谎言

无利不起早，有时候谎言是赢得利益的最好手段。而为了获得利益，很多骗子会制造各种各样的假象，稍不留神，就会吃亏上当。因此，只要做决定，就要仔细考虑，保留一些时间进行独立思考，在不受外界影响的情况下做出合理的判断。

说谎是人的天性吗

现在的孩子们小小年纪便能做到说谎不打草稿，家长对此特别苦恼，自己明明教育孩子们不要撒谎，为什么他们却还是喜欢说谎？难道说谎是人的本能，是与生俱来的？

有调查显示，孩子撒谎的种类并不亚于成人，包括无恶意的谎话、社交性的谎话、残酷的谎话、善意的谎话、隐藏事实逃避处罚的隐瞒性谎话，以及蓄意说谎以获利或增加威信的明显谎话。事实说明，无论家长如何教孩子，他们迟早会对你说谎。

针对孩子撒谎的现象，科学家提出了"心智理论"，指出孩子会认识到每个人的想法各异，而他们可以利用此情况来欺骗他人。孩子们了解到这一点后，就没有任何事情可以阻止他们说谎了。由此看来，撒谎是人的天性。

美国有项研究，研究人员将一群 3 岁大的幼童安置在一间房间里，周围摆放了一些新奇的玩具，研究人员告诫孩子们不可以转头去看那些玩具，然后离开。5 分钟后研究人员回到房间，问每一位小朋友："你偷看了吗？"尽管录像显示有90%的小朋友回头看了，却只有38%的人说实话。

另一项针对不同年龄层小朋友的实验则显示，小朋友的年龄越大，就越有可能说谎。满5岁的小朋友中，没有任何一个人会承认他们偷看过玩具。

英国朴次茅斯大学心理学家艾尔德·威瑞认为，小孩子天生就是当骗子的料。撒谎的能力在3岁左右便与语言能力同时被开发出来。比如，当一个3岁大的小女孩接受祖母所馈赠的礼物时，即使她并不喜欢这个礼物，也会做出热烈的反应。

心理学家认为小朋友说出这类谎话是因为受到了父母的鼓励。生活中，当孩子们犯错不愿承认时，家长会说不再爱他们、不再和他们说话、不带他们去旅游，甚至吓唬他们不听话的孩子不能吃饭等等，直到他们就范。

事实上，家长们说出的这些吓唬话并不是真，家长不可能不爱他们，也不可能不让他们吃饭，当小坏蛋们意识到这些处罚只是吓唬的时候，就会明白爸爸妈妈说话不算数；既然他们可以说谎，我当然也可以。当然，如果家长真的处罚了说谎的孩子，这也可能会促使孩子们为逃避处罚而说谎。

因此，孩子越大，谎话越多越高明，而且由于说谎得逞又逃过处罚，谎也会越扯越多。对此心理学家解释说，当一个2岁的小男孩被嘱咐不准吃比麦香面包时，他还是忍不住吃了。而妈妈问起时，小男孩承认自己吃过，于是妈妈很生气地处罚了他。类似的事情重复发生后，小男孩便知道承认做坏事会遭到惩罚，于是就开始说谎以逃避受罚。

当然孩子们的谎言很快就被揭穿了，他被父母告诫说：说谎是不好的行为，以后若是说谎就得受罚。于是现在小男孩开始犯难了，假如他犯错了，说真话就会受罚；但如果不说真话，还是得受罚。这样事情多了，小男孩子发现他的父母并不可能察觉到自己做过的每一件事情。因此，当错误没有被发现时，他就撒谎；只有当错误被发现，实在躲不过时他才承认自己所犯的错误。这样的心理很可能会直接影响到孩子们长大之后的性格。

在现实中，我们如何辨别他人的话是否真实，避免上当受骗呢？

事实上，说谎者在说谎时往往有心虚的感觉。有时候，说谎的人只有一点点罪恶感；有时候，罪恶感会很强烈，以致漏洞百出，使对方很容易揭穿谎言。十分强烈的罪恶感会使说谎的人痛苦难耐，会令说谎者觉得说谎很划不来，简直是受罪。虽然承认撒谎会受到处罚，但是为解除这种强烈的罪恶感，说谎的人很可能会决定坦白招认。

那些撒了谎且担心被识破的人，心里比较紧张，消化功能受到抑制，唾液分泌会减少，所以吞咽蛋糕和吐出炒米时比较困难；那些诚实的人不会觉得紧张，因而他们的消化系统不会受到抑制，唾液分泌正常，吞咽和吐出食物都较顺利。例如，英国人通过观察嫌疑人吃面包和干奶酪的顺利程度来判断其是否说谎。因为说谎者这种难以消除的害怕感和心虚感，我们成功地识破了谎言。

你没有说谎，但也没说实话

FBI 在进行调查询问的时候，都会听到对方说这样一句话"我说的都是实话"。这句话给很多人带来的感觉都是这个人在撒谎。但是，很多说出这句话的被约谈者的确说了实话，可是，这些人虽然说出了一些事情。但是，他们隐藏了更加重要的事情。所以，在听到这句话的时候，FBI 通常给出的回答是："是的，到目前为止你说的都是真话，我相信你。但是，还有很多事情你没有说。我对那些没说的事更感兴趣。"

没有说谎的人不一定说了实话。他在告诉事实的时候也隐藏了一部分事实。这样的现象主要发生在证人的身上。证人在举证的同时，可能会隐藏一部分真实的信息。但是，这种隐藏又不是无迹可寻的，只要细心观察，就一定能发现其中的端倪。

> 在纽约发生了一宗凶杀案，FBI 介入了调查，他们找到了一位见证者，但是这位证人坚决否认自己知晓案情。经过调查，FBI 发现了他的欺骗行为。所以推测他参与了谋杀，但是证人坚决否认自己参与谋杀。FBI 经过一系列的调查发现，这个人并没有参与谋杀。他之所以撒谎，并不是因为他参与了谋杀，而是因为他在案发现场召妓，证人害怕一旦事情败露，他的妻子将会知晓。

案例中的证人说自己没有参与谋杀，证人并没有说谎，但是案例中的证人也没有说真话，因为他隐瞒了自己在场的事实。他之所以隐瞒，就是为了不让自己召妓的事情暴露。

面对讲了部分真话的犯罪嫌疑人，FBI 通常会采取逐步深入、探知真实的问法。之所以这样做是因为他们深谙心理学研究常会出现的"透明度错觉"现象，所谓的"透明度错觉"是指人们总认为自己的所作所为都会被人注意到。也就是说，说谎者本身总是会认为自己说谎的意图早就已经被人察觉，可以利用说谎者这样的心理来暗示对方，不要试图欺骗我，这样做是徒劳的。

在梅克小镇发生了一起入室抢劫案，匪徒除了偷走了大量的金钱，还强暴了仅仅18岁的房子主人的女儿。FBI很快对这个案件进行了调查，经过一段时间的摸排调查。FBI终于抓到了犯罪嫌疑人阿瑟，突击审讯也随之展开。

阿瑟面对眼前的FBI，显得十分的从容。他老实交代了自己抢劫的事情，甚至连以前抢劫的事情也和盘托出。说完后，他面露真诚地对FBI说："我说的可都是真实的。"

FBI思索了一下，笑着说："阿瑟先生，我们知道你没有说谎。从开始直到刚才结束的那一句话，你说的都是实话。但是，我想提醒你的是你似乎忘记了什么，我们对你忘记的事情更加的感兴趣，你觉得呢？"

阿瑟低头思索了一阵，抬起头来说："好吧，我全部告诉你们。"

案例中的FBI并没有被阿瑟的老实交代而打动，因为他们知道没有说谎的人不一定完全说了真话。而这一切都是源于FBI对"透明度错觉"效应的正确理解。"透明度错觉"效应是说在我们心中，自己比其他任何事更关键。通过自我专注的观察，我们可能会高估自己的突出程度。这种焦点效应意味着人类往往会把自己看作一切的中心，并且直觉地高估别人对我们的注意度。吉洛维奇等人演示了这种效应。他们让康奈尔大学的学生穿上巴瑞·曼尼洛的T恤，然后进入一个还有其他学生的房间，穿T恤的学生猜测大约一半的同学会注意到他的T恤，而实际上注意到的人只有23%。

在我们另类的服装、糟糕的发行和助听器上出现的现象同样也会发生在我们的情绪上：焦虑、愤怒、厌恶、谎言和吸引力，实际注意到我们的人要比我们认为的少。我们总能敏锐地觉察到自己的情绪，于是常常出现透明度错觉。我们假设，如果我们意识到自己很快乐，我们的面容就会清楚地表现出这种快乐并且使别人注意到。事实上，我们可能比自己意识到的还要模糊不清。

正是因为有这样的理论存在，所以我们可以从容应付那些说谎的人。因为他们明白没有说谎的人不一定说了实话。正确对待这些人的方法就是让他们明白如此说谎是没有好处的，只有老实交代才是最好的出路。但是，并不是所有的人在没有说谎的情况下，也没有说实话。这要具体情况具体分析，要有足够的证据掌控在手里。但是，很多 FBI 并没有掌握大量的证据，但是他们凭直觉和观察就知道眼前的这个人并没有完全说实话。而说出这样的话完全是一种战略，可以说是诈，套取。很多人因为做贼心虚，经受不住如此质问，常常老实交代自己的罪行。

半价！多少钱的半价？

谎言之所以难以判断，就是因为它披着神秘的外纱，这个外纱不是任何人都可以看得透的，因为在说谎人的口中，谎话会不露痕迹，人因此会上当受骗。产生这种现象的主要原因是陈述事实的顺序不同。很多心机很深的骗子善于运用这种办法来获得自己的利益。

保险成为世界上一个时髦的行业，很多保险公司也应运而生。但随之而生的是保险欺诈，FBI 就破获了一起保险欺诈案件。FBI 逮捕了所谓的"保险销售员"威廉，并对其进行了突击审讯，威廉老实交代了自己欺诈的手段。

一天，"保险销售员"威廉被带到了客户吉姆的办公室。

吉姆以不甚友好的口气对威廉说："你是我今天见到的第三位销售员，你看到我桌子上堆了多少文件了吗？要是我整天坐在这里听你们销售员吹牛，就什么事情都不用办了，我实在没有时间跟你谈保险！"

威廉不慌不忙地说："您放心，我只占用您一小会儿时间。"

吉姆很不客气地说："我再告诉你一次，我没有时间接见你们这些销售员！"

威廉并没有告辞，也没有说什么。他弯下腰很有兴趣地观看摆在吉姆办公室地板上的一些产品，然后问道："吉姆先生，这都是贵公司的产品吗？"

"不错。"吉姆冷冰冰地说。

威廉又看了一会儿，问道："吉姆先生，您在这个行业干了多长时间？"

"哦……大概有 × 年了！"吉姆的态度有所缓和。

威廉接着又问："您当初是怎么进入这一行的呢？"

吉姆放下手中的公事，靠着椅子靠背，脸上开始露出不那么严肃的表情，对威廉说："说来话长了，我 17 岁时就进了约翰·杜维公司，那时真是为他们卖命一样地工作了 10 年，可是到头来只不过是一个部门主管，还得看别人的脸色行事，所以我下了狠心，想办法自己创业。"

威廉又问道："请问您是宾州人吗？"

吉姆这时的语气中已完全没有生气和不耐烦了，他告诉威廉自己并不是宾州人，而是瑞士人。听到这里，威廉吃惊地问吉姆："那真是更不简单了，我猜您很小就移民来到美国了，是吗？"

这时的吉姆脸上出现了笑容，自豪地对威廉说："我 14 岁就离开了瑞士，先在德国待了一段时间，然后决定到新大陆来打天下。"

威廉说："您太伟大了，来美国打拼可不是一件简单的事情。对保险有兴趣吗？"

吉姆说："有好几家保险公司的人找过我，都被我轰出去了，我对保险没有什么兴趣。"

威廉说："没兴趣没关系，您可以听我给您讲一下，起先我们的保单一年要交 1000 美元，现在我们只需要交 500 美元，这是我们的优惠，当然我还可以再给您一点点优惠。"

吉姆笑着说："这还不错，前几家保险公司张口就是 500 美元，没有任何的优惠。你的这个虽然与他们的价格持平，但是你们是优惠得来的。我买了。"

威廉就是靠这种方式欺骗了很多人，正当他要携款逃跑的时候被警方抓获。

我们肯定不理解，为什么那么多人愿意上当受骗，我们只能参悟到的是人们贪图小便宜的心理。但是参与到其中的心理学家认为是威廉陈述事实的顺序在起作用，他首先说的是 1000 美元，之后是降价后的 500 美元，这就在人的心中形成一种优惠大的印象，这远远比开口就是 500 美元的效果要好。

通过观察，我们发现了一个有趣的现象，人们在做决定的时候会做比较与对照。而很多人会抓住人们这样的心理实施欺骗，比如，有人以 500 美元的价格卖了一套音响系统，之后他们才会向顾客展示音响的附属品。这些附属品包括装配音响的箱子、产品保单等等，在这个时候这个人会实施欺骗，箱子本来值20美元，他会说25美元，保单是25美元，他们说是30美元。因为有之前的500美元做铺垫，所以购买者察觉不到任何的欺骗信息。但是，如果运用相反的描述，比如卖音响的人先说出箱子25美元、保单30美元，再说出音响500美元，那么购买者很可能就会察觉出欺骗，因为常识告诉他们箱子与保单的价格根本不会那么高，如此，整个交易就会以失败而告终。这就是叙述顺序的神奇力量。再如，在销售产品的时候，销售人员在说出车子价格之前，会打出半价的牌子，并且会说出眼前产品的优越性能，这就会让你觉得这笔交易物超所值，因为你受到了价格的蛊惑。这个时候，如果想不上当，那么我们就要对价格进行辨认，要弄清是多少钱的一半，如果车子本来的价格是500美元，而一半之后的价格是600美元，那么这笔交易是不能进行的。

无利不起早，有时候谎言是赢得利益的最好手段。而为了获得利益，很多骗子会制造各种各样的假象，稍不留神，就会吃亏上当。因此，只要做决定，就要仔细考虑，保留一些时间进行独立思考，在不受外界影响的情况下做出合理的判断。

隐藏在脸色后的真相

我们在生活中都可以看到这样的一种现象，很多体育迷通宵达旦看四年一度的世界杯后就会出现黑眼圈，面色也变得暗淡无光。这说明人的脸色会出卖真相，或者是人的内心。通过调查研究发现。人脸色的变化可以分为变红、变白、变绿三种情况，每一种脸色的变化都代表着人的不同心理状态。

人面颊的颜色会随着情绪的变化而发生相应的变化。面颊肤色的变化是由自主神经系统造成的，是难以人为控制或掩饰的。但也可能他所要隐瞒的正是羞愧或惊恐本身。

我们最常见的脸色变化是变红。关于脸色为什么会变红，我们可以进行分门别类的研究。人们面颊变红经常出现在害羞、羞愧或尴尬等情形中，脸红也是愤怒的表现，愤怒时，面颊瞬时转为通红而不是由面颊中心慢慢扩散开来。

一说话就脸红则代表这个人是非常腼腆的人，由于性格内向，因此在面对陌生人的时候，脸部会不由自主地充血。这类人在不同的场合脸红的程度是不相同的，有些场合他们感觉还可以，所以脸红的程度就低一点；有的场合，特别是重要的场合，如上台演讲，他们的脸会红得很厉害，甚至出现紫红的状态。心理学家对出现脸红的原因进行了研究，他们得出的结论是，脸红的人不懂得进行松弛训练，不会通过调节自己的呼吸，让全身放松。这种情景下的脸红透露出的真相是这个人的性格十分内向，是一个不善交际的人。

当然，一个人的脸色变红，揭露的真相并不全是内向。有的时候一个人因为愤怒，或者是尴尬也常常会出现脸红的现象。愤怒时人会怒发冲冠，血灌瞳仁，或者是脸红脖子粗。脸红是受着头脑指挥的。我们的视觉和听觉神经，都集中在头脑里。当我们看到和听到使我们害羞的事情时，眼睛和耳朵就立即把消息传给大脑皮质，而大脑皮质除了和有关的部位联系，还同时刺激着肾上腺，肾上腺一受刺激，就立刻做出相应的反应，分泌出肾上腺素。肾上腺素有一个特点，它少量分泌的时候，能够使血管扩张，特别是脸部的皮下小血管；可是大量分泌的时候，反而会使血管收缩。愤怒会使脸部的血液流动速度加快，从而出现脸红的症状。

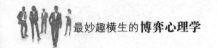

这种症状的出现，说明这个人内心非常愤怒。

说谎的人脸部皮肤发红，是因为说谎让他们感到尴尬，同时他们害怕谎言被识破，所以更加紧张，这就会导致脸部充血，使脸部皮肤变红。

有些人在说话的时候，脸色会突然变得苍白。脸色变得苍白泄露的真相是这个人很愤怒，或者是这个人内心十分害怕。

我们在平常经常说脸色被气得煞白。这主要是因为人在生气的时候，交感神经也让心跳加快。交感神经作用的增加也会刺激肾上腺分泌肾上腺和去甲肾上腺素。肾上腺素使心脏输出血量增加，而造成血管扩张，但去甲肾上腺素却使周边血管收缩。血管收缩，造成缺血，红血球变少，从而导致气血运行不畅。

但是并不是所有的脸色变白都表示愤怒，有的人在惊恐的状态下也会出现脸色变白的现象。也就是说当人们处于惊骇的情绪状态下，面颊肤色也会变得苍白。脸色变白的原因是和愤怒时脸色变白的原因基本相同，都是由于脸部毛细血管收缩，血流减少，颜色变白。

脸色变绿，也叫脸色变得铁青。这种脸色产生的主要原因也是惊恐。这种惊恐的状态要比脸色变白严重许多，通常是在听到意外的让人害怕的事情的时候做出的反应。比如，爱撒谎的已婚男人常对自己的情人说："宝贝，我真爱你，可我不能让我的孩子受伤害，所以，我不能离婚。"如果这个时候情人突然说："既然你那么爱孩子，那我给你生一个，我已经有了你的孩子。"这对这个男人来说可谓是种噩耗，此时他的脸色就会变绿。

由此我们可以看出不同的脸色变化折射出的是不同的心理，我们可以从对方的脸色变化中寻找真相，这主要是因为面部处于人体首位，也是最暴露的部分，是人体传递情感信息的最重要的部分，是表达情感和态度的首要信息源，而脸色是泄露真相的首要媒介。

掌心的信号

在用来传递肢体语言信号的身体部位当中，手掌是最容易为我们所忽略的，但它的作用实际上是最大的。借助手掌可以传达我们的内心，从掌心的方向可以捕捉到许多有价值的信号。

粗略来讲，掌心的方向主要有两种：掌心向上与掌心向下。下面我们可以一起简单看下这两者所承载的内涵及它们所发出的不同信号。

1. 掌心向上

一般情况下，人们会用展开的、一目了然的掌心方向来表示自己是否有诚意，是否带有恶意。也就是说，掌心向上是一种用来表示诚恳、妥协、服从和善意的手势。当我们开始说心里话或说实话时，我们会不自觉地把手掌张开，并且把掌心向上或者把掌心直接展现给对方。自古以来，人们就喜欢将摊开的手掌与诚实、坦率、忠贞、谦恭等褒义词联系在一起。

我们举一些掌心向上的实际具体例子，也许你会更加明白它的丰富含义。

（1）掌心向上是乞丐乞讨时惯用的一种动作。除了手部有残疾的乞丐，其他乞丐在空手乞讨时，他们所用的手势无一不是掌心向上的。因为这样的手势带有"服从""弱势"和"乞求"之意。

（2）在古代社会，人们常常通过把掌心展示给对方来告知对方："我没有携带武器，我是善意的，你不必害怕我或防御我。"
这样的手势被看作一种善意和妥协的表示。

（3）为了表示自己的清白或者自身的诚意，人们通常会摊开手掌，把掌心显示给对方，然后向对方讲一些诸如"我真的没做过""我跟你说的是实话"的话。这看起来是一个无意的动作，但它却与大多数肢体动作一样，传递着说话者内心微小、真实的信息。当看到这样的动作时，一般直觉会告诉我们：这个人没有撒谎。

（4）如3所述，掌心向上传达了一种积极的、正面的表示诚实、诚恳的信号。在推销培训课中，老师会告诉推销员：假如顾客拒绝接受你的推销，可以通过观察对方的掌心方向来判断他所说的理由是否真实。如果对方拒绝购买的理由是真实的，他通常会将自己摊开的手掌暴露在你的视线之内；如果对方只是想找个理由搪塞你，虽然他也可能说同样的一番话，但他却会将自己的双手隐藏起来，躲开你的视线。

2. 掌心向下

也许有人会认为掌心向下的内涵应该与掌心向上的内涵相反。掌心向下应该是代表欺诈、背叛。但事实并非如此，掌心向下也传达一种积极的信号，它代表了一种权威性。

例如，有一对夫妻手牵手散步，那么居于支配地位的一方往往会稍稍走在另一方的前面，而他的手也会自然而然地压在跟在他后面的另一方手的上方，其掌心当然会很自然地朝向后方，这时，另一方的掌心会向前迎合。从掌心向下这个很小的细节，我们足以判断出谁是一家之主，谁更有权威性。

掌心向下这种代表权威性的手势，最好对晚辈、下属使用。当你与身份、地位和你平等的人讲话时做出了这种动作，会很容易让对方产生压力感进而对你产生抗拒心理，最终会影响彼此的关系。但我们若是能在生活、工作中恰当地运用这种手势，做起事来就会事半功倍。

一个大型公司的管理团队成员在进行一个会议。会议成员有CEO艾尔、艾尔的秘书莎伦、艾尔的得力助手、首席财务官弗朗茨、审计官玛格丽特、干练利落的露西和头脑灵活的查尔斯共6人。

4：02PM 会议暖场

会议开始是一些琐碎的报告。CEO艾尔听取报告时一边点头，一边将右手松开，左手升至散放着的文件上方，手背翻转过来，将掌心与桌面平行。这样的掌心向下显示了他坚定的内心信念及权威性。

坐在莎伦秘书旁边的露西针对报告提了一些问题。露西说话时将右手手掌向上打开，她向艾伦伸出张开的手掌，像是掌心上有一块硬币要送给艾伦一样。露西张开的掌心向上的手掌暗示了她谦恭、诚恳、诚实的请求。

4：20PM 激烈的争论

报告完毕之后，艾尔提出了"随意雇佣制"这个问题，于是，就支持还是反对这个新的公司规定，大家开始了激烈的争论。

"众所周知，"弗朗茨说，"如果我们采用随意雇佣制，那么我们公司在特定情况下就可以适时地缩减人手、重建架构，这能够使我们更灵活地实行目的。"当他论证在公司手册添加随意雇佣制的必要性时，他先发制人地抬起右手，掌心向下拍在桌上，5根手指也一致轻叩桌面。

这时，查尔斯也伸出一只手，掌心朝下争辩说："按

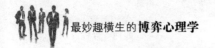

公司手册的明文规定我们只能是被'因故'解雇，而不是被任意地解雇。"

与查尔斯一样表示反对的玛格丽特同样张开粗大的手掌，掌心朝下向前挥出，像是拍打蚊子一样要把弗朗茨的话赶走，并且说道："随意雇佣制意味着我们全部人都可能在某一天没有任何理由的就被解雇。这给了老板太多权力。"

4：45PM 会议结束

随意雇佣制的讨论持续了 20 分钟。结果是该问题暂被搁置，会议结束。

此刻再也没有人做出手掌向下的手势，相反的，大家都把手翻转过来，张开手掌，开始愉快地谈笑。

即使简单到一个商务会议，从中也可以通过手掌捕捉到你想要的有价值的信号。

脚踝相扣的心理变化

有这样一个有趣的现象，那就是本来坐姿非常自然的人在顶不住压力、心理恐慌时，会做出脚踝相扣的动作，这一动作表明，此人的心理发生了变化，已经从刚开始时的自然转变为现在的恐慌。

几个月前，亨利先生 6 岁的儿子在过马路的时候被一群年轻人驾车撞伤。撞伤人的这群年轻人不但没有对小孩及时施救，反而继续开车从孩子身上碾压过去。这件事在

当时的美国社会引起了轰动。但是因为开车的麦斯只是个
15 岁的未成年人，甚至连驾照都没有，所以法院无法对
麦斯判重刑，只能判罚他监禁 3 个月，再接受两年的感
化教育。

亨利先生对这样的判决结果极为气愤，以致丧失理智，
绑架了麦斯。亨利把他藏到了一个无人知道的地方。但警
方还是迅速找到了亨利，并拘留了他。开始他不承认自己
的所为，并且对警察说："麦斯不是我绑架的。"

警方开始向亨利询问麦斯的下落。但是亨利歇斯底里
地说："我没有绑架人，也不知道那个孩子在哪里。"

这样警方也束手无策，他们于是找来 FBI 的审讯专家
汤姆。

汤姆来到亨利面前，首先向亨利摊开手说道："好吧，
亨利先生，我得承认，无论从道德上，还是感情上，我都
非常理解你的做法，无法挑出你的毛病，像麦斯那样的人
渣真的该死。但是，你这样做是在触犯法律，是要受到法
律的严惩的。"

亨利听了这样的话，脚踝出现了相扣的动作。汤姆看
在眼里，他知道对方的心理起了变化，他现在十分紧张，
并且有少许的恐惧。

汤姆看到他的动作便趁热打铁，从怀中拿出钱夹，抽
出了一张照片，上面是汤姆和他妻子女儿的合影。他把照
片递给亨利："看见那小天使了吗？今年 5 岁，比你儿子
小 1 岁。我发誓会用我的生命保护她。如果有人对她干了
麦斯对你儿子干的事，我会比你还要狠，可能会亲手在第
一时间杀了他。"

亨利看了看照片，听汤姆这样说有些不可思议地笑了

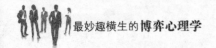

笑，反问道："你就是来跟我说这些的？"

汤姆没有回答亨利，自顾自地说道："但是，如果我没有第一时间杀死他，我可能也就不会继续杀他了。"

亨利的眉毛一挑，有些疑惑地问道："为什么？难道你女儿的仇恨只在你心里停留了那么短？"

汤姆摇了摇头："不。因为我会想到麦斯也有父母，也许他的父母也不是好人，但是，他们也不该眼看着自己的孩子死在别人手里却无能为力。这种感觉太痛苦，我不想施加给别人，尤其是那些无辜的父母。所以，我可能会揍麦斯一顿，但不会杀了他。"

亨利动容了，他沉默了良久，终于下决心说道："好吧，我带你们去找他。"

事例中的亨利在听到自己要受到惩罚时，脚踝不自觉的相扣。他是为了掩饰紧张的心理，才做出了脚踝相扣的动作。就是这个动作，让汤姆知道眼前这个人的心理状态在发生变化。根据对方心理状态的变化，汤姆逐步深入，最终让亨利说出了麦斯的下落。

事例也证实，脚踝相扣是一种努力控制和压抑消极、否定、紧张、恐惧，或是不安情绪的人体姿势。如果一个人做出此种姿势，则表明他在心里极力克制、压抑着自己的某种情绪。在审讯的过程中发现，开审之前，几乎所有的犯罪嫌疑人就座在各自位置上时，都会双腿交叉，双脚相别。而在审讯的过程中，被审人员为了减轻心中的压力，消除自己心头的恐惧、恐慌情绪，更会将脚踝紧紧地靠在一起。这无疑显示了他们紧张、恐慌的心理。

但是，脚踝相扣除了表示一个人在心里进行自我克制，它有时也是一种踌躇不决的信号。比如，在看见对方做出踝部交叉的姿势后，其心里往往会暗自窃喜，为什么会这样呢？因为这个姿势表明对方心里可能隐藏一个重大的让步，只是他现在心里摇摆不定。此种情况下，那些经验丰富的审讯专家会立即向对方提出一系列试探性问题，并采取一切可能的措施，让对方尽快改变这种犹豫不决的心态，以便促使犯罪嫌疑人做出老实的交代。

身体语言专家经过大量的研究证明，女性做出脚踝相扣这一动作的概率要远远高于男性。女性在公共场合常常夹紧双腿、脚踝相扣，尤其是身着短裙的女性。虽然我们可以从规避走光的角度出发去推测女性紧夹双腿的含义，但实际上，短裙并不是关键的原因。从一些并没有穿短裙的女性身上，你还是可以看见这些动作。比如，她们会把脚踝扣在一起，双膝并拢，两只脚置于身体同一侧，双手并排或是交叠着轻轻放在位于上方的那条腿上。男性也有脚踝相扣的姿势，但此时他们更习惯让双膝敞开。而女性则尽量并拢双膝，减少两腿之间的缝隙。作为身体语言的一部分，腿脚的动作细节也在诉说着无声的语言。女性经常做出脚踝相扣的动作，这表示她对你持有否定或防御的态度，她做这样的动作是为了抑制紧张的情绪。

脚踝相扣的动作会根据性别的不同而有所不同，男性和女性在做这一姿势时，在具体方式上存在一定的差异性。男性在锁定脚踝时，通常还会双手握拳，并将其放在膝盖上。有时，一些男性则用双手紧紧抓住椅子或沙发两边的扶手。女性的这个姿势则有些不同，她们会将两膝紧紧靠在一起，两脚分别在左右两边，两手并排摆放在大腿上，要么就是一只手放在大腿上，然后再把另一只手放在这只手上。

更有趣的是，当谈话对象脚踝相扣时，他的内心往往会产生

"紧咬双唇"的潜意识。由于他内心缺乏把握或者是恐慌害怕，相扣着的脚通常会被悄悄地挪到椅子底下，与此相对应的就是沉默寡言的态度。因此，脚踝相扣体现的是一种消极、否定、紧张、恐惧，或是不安的内心情绪。

总之，如果有人对你做脚踝相扣的动作，这表示他很紧张、焦虑、不安。这些姿势是封闭性的，他没有准备好和你好好交流。你需要做好心理准备，你和他的对立局势可能会延长。